条码

张成海◎编著

清华大学出版社
北京

图书在版编目（CIP）数据

条码 / 张成海编著. —北京：清华大学出版社，2022.7

ISBN 978-7-302-61148-6

Ⅰ.①条… Ⅱ.①张… Ⅲ.①条形码 Ⅳ.①TP391.44

中国版本图书馆CIP数据核字（2022）第110343号

责任编辑： 宋丹青
封面设计： 谢元明
责任校对： 宋玉莲
责任印制： 杨　艳

出版发行： 清华大学出版社
    网　　　址：http://www.tup.com.cn，http://www.wqbook.com
    地　　　址：北京清华大学学研大厦A座　　邮　　编：100084
    社 总 机：010-83470000　　　　　　　邮　　购：010-62786544
    投稿与读者服务：010-62776969，c-service@tup.tsinghua.edu.cn
    质量反馈：010-62772015，zhiliang@tup.tsinghua.edu.cn
印 装 者： 大厂回族自治县彩虹印刷有限公司
经　　销： 全国新华书店
开　　本： 165mm×230mm　　**印　张：** 19　　**字　数：** 215千字
版　　次： 2022年9月第1版　　**印　次：** 2022年9月第1次印刷
定　　价： 79.80元

产品编号： 096827-01

前　言

今天，条码在人们的日常生活和工作中得到了大规模的普及应用。从超市商品的结算到物流快递的应用，从无纸化的手机支付到交通出行使用的票据，从电商购物的扫一扫到应用于新冠肺炎疫情的个人健康码，条码已经渗透到我们生活工作的方方面面。

纵观人类文明进程，任何技术的发明创造，都与人类在生产生活过程中出现的需求紧密关联，条码也不例外。人类远古时代，通过听觉（语言或声音）和视觉（图画或文字）传递信息，从用原始信号鼓的鼓点传信到用图画、贝串、结绳、计算盒等将重大事件进行分类整理和记录的行为，都可以说是人类开始有意识、有目的地对事物（或事件）进行"编码"，从而传递信息。从广义上说，"编码"便成为人类进行信息交流的基础。计算机出现以后，人们为了快速地将"编码"输入计算机，"条码"便应运而生。条码是编码的一种符号展现形式，实现用机器替代人的肉眼进行自动识别，这样可以从根本上避免因人工介入产生差错，提高识别效率。20世纪40年代，随着第二次工业革命给美国经济带来的蓬勃发展，消费者开始热衷于集中采购的方式；与此同时，商家发现依靠人工结算录入芜杂的产品信息，并快速完成结算是非常困难的。人们需要一种更高效的结算模式，于是，科学家开始探索可以快速标识、结算商品的技术。从此，条码开始融入我们的日常生活并得到了十分广泛的应用。

时至今日，条码已经走过了近 80 年的历程，也经历了"百家争鸣""百花齐放"的阶段。经过历史的大浪淘沙，EAN/UPC 条码（即零售商品条码）、交插二五码、128 码、库德巴码、39 码等类型的条码仍在使用，尤其是 EAN/UPC 条码在全球零售领域得到了极广泛的应用。据不完全统计，全球每天扫描商品条码实现交易超过 60 亿次，每年为快速行业节省 3 000 亿元，仅在我国就有超过 1.57 亿种商品使用了商品条码作为商品的身份标识。此外，条码技术还普遍应用于物流运输、医疗卫生、服装纺织、图书音像、工业建材、军事科技等领域。可以说，条码技术自诞生以来，已经完完全全渗透到经济社会的各个领域，并深刻地改变着全球的商业模式，大大提升了供应链效率，有效降低了物流成本。

随着科技的迭代，条码的一种新形式——二维码也如影随形地融入我们的生活。一维条码重在身份"标识"，信息容量有限；二维码重在信息"描述"，信息容量大、密度高，能表示中文、图像等多种信息，具有一定的保密防伪性及较强的纠错性。

二维码在国内的应用已十分普及。据报道，我国二维码应用占全球九成以上，二维码生态作为数字经济中现实世界与虚拟世界的连接器，是线上线下融合的关键入口，它让商业连接成本更低、价值增值通道更畅通，将成为未来经济社会数字化全面转型的重要赋能利器之一。除条码外，射频识别技术（Radio Frequency Identification，RFID）和生物识别等其他自动识别技术也得到了较快发展与应用，我国已形成了较为完备的自动识别技术产业链。

任何事物都是把"双刃剑"。当我们享受着高新科技带来的巨大便利时，不少人也心存些许疑虑和担忧——条码为什么会"润物细无声"地出现在我们的生活中？它给我们的生产生活究竟带来了什么？条码会不会泄露我们的个人隐私？条码支付会不会存在经济风险？等等。带着这些疑问，我们以科普为目的，从条码的诞生到进入中国快速发展，从最初的建章立制到条码新千年遍地开花，从电子商务时代商品数字化到二维码创新应用，从物联网、大数据到条码的未来，做了一次较为系统全面的回顾与展望。

我国物品编码事业自商品条码工作发端，经三十余春秋，砥砺前行，厚积薄发。目前，我国商品条码系统成员保有量与条码商品数据库信息数据量均位居全球第一；在编码管理方面，形成了具有中国特色的管理制度；在技术创新方面，物联网标识技术研发以及汉信码 ISO/IEC 国际标准的发布彻底解决了我国在新一代标识技术中的"卡脖子"难题；在应用拓展方面，条码与商品信息在我国产品追溯、电子商务等领域以及与物联网、人工智能技术相结合的积极探索，都为国际物品编码业界开辟了新的发展空间。成为国际物品编码协会（GS1）管理委员会正式成员，标志着我国走上了世界编码舞台的中央。

"周虽旧邦，其命维新。"未来，我国编码事业将是机遇和挑战并存，只要我们能顺应时代发展需求，继往开来，推陈出新，利用好商品条码作为商品全球身份证的独特优势，利用好条码基础数据在各行业各领域信息化数字化建设中的支撑作用，积极创新服务模式和业务模型，满足我国以网络购物、移动支付、线上线下融合等新业态新模式为特征的新型经济和消费环境对物品编码的需求，积极融入数字经济，加快商品数字化与供应链数字化布局，乘数字经济腾飞和数字智能技术使能的"东风"，助力全行业全社会实现数字化转型，开创"编码智万物，一扫通全球"的宏伟蓝图，物品编码事业就一定能实现可持续发展，为我国经济社会的发展持续贡献力量。

在我国物品编码事业驶入新航程的重要历史时刻，中国物品编码中心作为我国编码事业的开创者与领路人，有责任和使命就对人类生产生活产生重大影响的条码的发展做出阶段性总结，这既是对过去成绩的回顾，也是对未来的展望和期待。

"一千个人眼中有一千个哈姆雷特"，每个阅读此书的读者都会有不同的关注点，得出不同的理解和感悟。如果这本书能激发你对条码的兴趣，或者说，你能把这本书当成导游图，拿着它去漫游、探索、发现更多更精彩的现实与未知世界，那么我们的目的就达到了。

本书的主要编写人员为张成海、黄泽霞、梁栋、毕玮、李时纬等，由张成海统编定稿。康树国、胡嘉璋、韩继明、黄娟等老一辈条码工作者对本书的历史回顾部分做出了重要贡献，王毅、韩树文、李健华、贾建华、毛凤明、谢小鸥、李宁、吴娟、邱江风、杜景荣、王琳、于颖、王佩、胡敏、李志敏、丁一、房艳、李琳琳、于翔、徐可、张帅、徐立峰、陈震宇、丁炜、罗翔、陈浩、吴永飞、高娟等为本书提供了众多素材。在所有编著人员的共同努力下，经过多年的采访记录、结构调整、数易其稿，本书终于可以付梓出版。我们相信，本书的出版发行，不仅是我国物品编码事业发展中的一件里程碑事件，也是编码中心深化改革、承前启后的一件大事。

在本书的编写过程中，作者团队查阅了大量条码相关的历史资料，借鉴引用了众多国内外研究与应用成果，在书中及参考文献中未能一一列举。为此，我们对所有为本书内容、观点做出贡献的专业组织、机构和专家深表感谢。

由于时间仓促，作者水平有限，书中难免有不妥之处，恳请各位读者不吝赐教。

编者

2022 年 2 月

目录

第一章

条码的起源

第一节　条码诞生前夜

　　1776 年 7 月 4 日，大陆会议发表《独立宣言》，同时宣布 13 个殖民地脱离英国独立，美国诞生。此后，美国快速扩张领土、发展经济，到 19 世纪末 20 世纪初，已成为全球第一经济大国。

　　时针拨到 20 世纪初期，美国的家庭购买食品和日用品的主要场所是居民区附近的杂货铺和专营小店，比如买牛肉就去肉铺，买面包就去面包房。这些商铺大多归私人所有，如何经营全由店家自己说了算，也称之为夫妻店。当时的美国，这种类型店铺扮演着很重要的角色。它们的经营模式很简单：从中间商那儿购买商品，加上利润之后出售给附近居民。顾客往往都是住在附近的居民，商铺大多愿意送货上门并允许赊账。但这类夫妻店的辐射范围和销售额十分有限，个体经营的进货价格和经营成本也很高，使得本就不便宜的商品必须再加上一笔不菲的利润后才能到消费者手中。

　　1945 年第二次世界大战结束，在经过 1946—1947 年短暂经济衰退之后，美国经历了长达 20 年的经济快速增长，成为世界上最富有的国家。短短几年内，2/3 美国家庭达到中等收入水平，家庭可支出收入稳步上升。至 1960 年，大部分美国家庭至少拥有一辆小汽车。1945—1957 年美

美国的杂货店　　　　　　　　20 世纪 30 年代美国杂货店

国又迎来生育高峰，人口增长加上经济的腾飞，为零售业的发展创造极佳的条件。另一个显著的社会变化是 50—60 年代，数百万美国家庭离开东海岸向中西部迁移，使美国中西部地区人口快速增加，城市化进程加快。同时，非洲裔美国人大量涌入城市，而白色人种大量离开城市前往郊区居住，历史上称之为"白人大迁移"①。美国郊区得到了迅速的发展，各种服务设施和购物中心拔地而起，选址在郊区的超级市场产生了真正优势。但为了满足上层消费者的购物需要，多数超市开始摒弃廉价、低端的形象，提升服务质量和店铺装潢，同时引入其他类型的销售形式和更多产品种类。到 50 年代末，超市已不只是单纯的食品杂货卖场，而类似于今天的购物中心。

　　零售商店规模的不断扩大给管理人员带来了新的麻烦：众多消费者集中采购时，依靠人工结算，想要准确录入芜杂的产品信息并快速完成结算计价，成为非常困难的事情，而因此导致差错率上升和人工成本大幅增加。

① "白人大迁移"（White Flight），是指美国社会金融地位较高的白人迁离黑人聚集的市中心，搬家到郊区环境优美的社区，以避免民族混居，避开市中心日益升高的犯罪率。

20世纪50年代的美国零售商店

　　人们需要高效的结算模式，而采用一种新技术来解决快速结算已成为超市和消费者的共同诉求，这种需求催生了条码技术和条码收款机的出现。

第二节 科学家的执念

　　1948年，美国费城，一名超市经理去了位于当地的德雷塞尔大学（Drexel University）。这名没在史料中留下姓名的超市经理找到了一名系主任，恳求他帮忙开发一种能够高效率地对产品进行编码的方法，达到在结账时自动获取产品信息的目的。

　　系主任并没有把这名超市经理和他提出的技术需求当回事，但这段对话却在不经意间被德雷塞尔大学的研究员伯纳德·西尔弗（Bernard Silver）听到。西尔弗对这项技术需求产生了强烈的兴趣，并说服了他的同学——诺曼·约瑟夫·伍德兰（Norman　Joseph　Woodland，1921—2012）一起开展研究。他们最初曾试图用荧光墨水印制产品信息，并借助紫外光实现读取，但这一想法并没有成功。

　　1948—1949 年冬天，伍德兰从研究生院退学并辞去了他的教学工作，从美国东北部的费城搬到了位于迈阿密的祖父家居住，从而可以潜心研究。有一次，当伍德兰坐在沙滩上发呆时，突然意识到要以视觉形式呈现信息，就必须有一种编码。而少年时期学的"摩尔斯电码"是他唯一知道的编码形式。于是他开始用手指在沙土上画点和破折号，形状类似于摩尔斯电码。之后他不经意间将手指插入沙土中，向下拉，结果是在沙滩上形成了一排平行线条。用手指所形成的细线代表点，然后形成的粗线代表破折号。

MORSE CODE TABLE

A	·—	N	—·	1	·————	Ñ	——·——
B	—···	O	———	2	··———	Ö	———·
C	—·—·	P	·——·	3	···——	Ü	··——
D	—··	Q	——·—	4	····—	,	·—·—·—
E	·	R	·—·	5	·····	.	·—·—·—
F	··—·	S	···	6	—····	?	··——··
G	——·	T	—	7	——···	;	—·—·—
H	····	U	··—	8	———··	:	———···
I	··	V	···—	9	————·	/	—··—·
J	·———	W	·——	0	—————	+	·—·—·
K	—·—	X	—··—	Á	·——·—	-	—····—
L	·—··	Y	—·——	Ä	·—·—	=	—···—
M	——	Z	——··	É	··—··	0	—————

摩尔斯电码

　　"假如优雅简约、组合无限的摩尔斯电码被改编成图形，会怎么样呢？我把四根手指插入沙子，不知为何向着自己划出四条线。天哪！现在我有四条线，它们可宽可窄，可以代替点和线。"在几十年后的一次采访中，伍德兰说，仅仅几秒钟之后，他又用四根手指在沙子里划出一个圆。

现代条码的雏形，就诞生于这看似无意地用手指在沙地上划出的一组线条。

沙滩上的启发

伍德兰向西尔弗说了这个构想后，他们发明了一种可以替代摩尔斯电码的"公牛眼"码，并将其换成一个同心圆模式，从而实现面对来自任何方向的扫描。这种条码的图案很像微型射箭靶，靶的同心环由大小粗细不一的圆绘制而成。他们给这种由粗细不同的条纹组成的圆形线条带起了一个很朴素的名字：分类装置和方法（Classifying Apparatus and Method），并于 1949 年 10 月 20 日提起了专利申请。

1952 年 10 月 7 日，伍德兰和西尔弗的发明获得了美国 2612994 号专利，专利涵盖了线性和环形同心圆印刷技术。此时，伍德兰已经到 IBM 工作，他曾建议 IBM 收购此项专利，但在价格上没有达成协议，于是两人将这项专利以 1.5 万美元卖给了飞歌公司（Philco），而这也是他们从自己的专利中赚到的所有钱。后来，飞歌公司又将专利转售给 RCA 公司。

西尔弗有生之年一直在德雷塞尔大学担任物理教师。直到 1963 年，

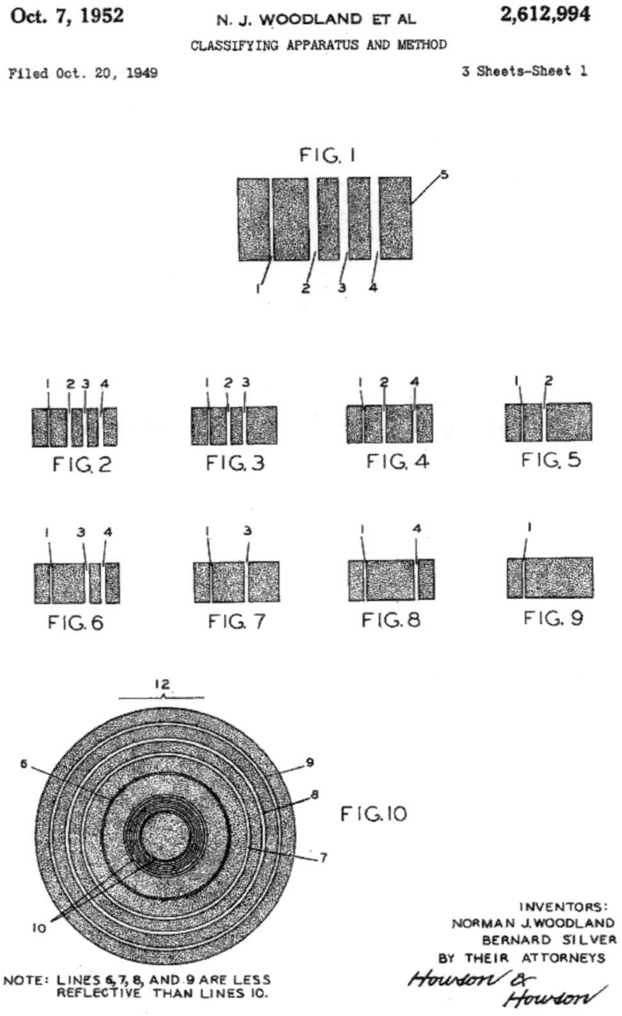

Oct. 7, 1952　　　N. J. WOODLAND ET AL　　　2,612,994
CLASSIFYING APPARATUS AND METHOD

Filed Oct. 20, 1949　　　　　　　　　　　3 Sheets-Sheet 1

FIG. 1

FIG. 2　　FIG. 3　　FIG. 4　　FIG. 5

FIG. 6　　FIG. 7　　FIG. 8　　FIG. 9

FIG. 10

NOTE: LINES 6, 7, 8, AND 9 ARE LESS
REFLECTIVE THAN LINES 10.

INVENTORS:
NORMAN J. WOODLAND
BERNARD SILVER
BY THEIR ATTORNEYS
Howson &
Howson

“公牛眼”码

　　该图案很像微型射箭靶，称作“公牛眼”码。但遗憾的是，由于
受当时的工艺和商品经济所限，还没有能力印制出这种码，因此这种
“公牛眼”码未能成为此后世界上通用的商品条码。

年仅 38 岁的西尔弗去世。

伍德兰与条码的渊源并没有就此止步。20 世纪 60 年代末，这项专利过期时，伍德兰仍在 IBM 公司工作。随着时间的推移，激光扫描技术和微型处理器相继问世，使条码大有可为。20 世纪 70 年代早期，伍德兰在 IBM 的一名同事——乔治·J. 劳雷尔 (George J.Laurer)，在伍德兰－西尔弗模型的基础上，设计了如今无所不在的黑白矩形条码，在此过程中，他吸取了伍德兰的很多建议。在获得发明专利 20 年后，身为 IBM 工程师的伍德兰成为北美地区的统一代码——UPC 码的奠基人。

诺曼·约瑟夫·伍德兰
1992 年，美国总统布什授予伍德兰"国家技术奖章"，以奖励他在条码技术方面的发明；2011 年，伍德兰被列入美国发明家名人堂。

早期的条码广泛应用于医疗、铁路、物流等领域。美国国防部军营超市管理处（DeCA）选择采用统一产品代码（Universal Product Code，UPC），军营超市管理处甚至派代表协助美国统一代码委员会（Uniform Code Council，UCC）为海运集装箱编制代码和标识。在美国政府开办的向个人售卖商品的商店里，采用了商用的商品代码系统，但对于美国政府采购的物品，则独自开发了一套商品代码体系。美国政府开发的这套代码体系称为国家储备原料号码（National Stock Number，NSN）。它采用 39 码标识系统。20 世纪 80 年代，在工业领域，统一工业代码（Uniform Industrial Code，UIC）得到较为普遍的应用，但经过一段时间的使用后，在大约 150 00 个原用户中，只有 200 个继续使用统一工业代码（UIC），其他用户则选用 UPC 码。随着时间的推移，UIC 逐渐退出，只剩下统一产品代码（UPC）还在应用。这种码制日后发展成北美地区广泛应用的 UPC 条码。

有趣的是，条码的应用还超越了地球的地理范围。1996 年 9 月 19 日的《纽约时代》中报道了宇航员使用条码库存管理系统来追踪从航天飞机转运到航空站里的多种货品。由此可见，在命名 UPC 时，使用"Universal"（有"宇宙"之意），是没有夸张的。

而看似小巧的条码，其编码方式却是经历了无数次的推敲和实验才得来的。例如，常见的 EAN/UPC 条码就采用了被称为"模块组配法"的编码方式。这种编码方式是指条码符号中，条与空是由标准宽度的模块组合而成的。一个标准宽度的条模块表示二进制的"1"，而一个标准宽度的空模块表示二进制的"0"，并以它们的组合来表示某个数字字符，反映某种信息。另一个编码方法叫"宽度调节法"，是以窄单元（条纹或间隔）表示逻辑值"0"，以宽单元（条纹或间隔）表示逻辑值"1"。宽单元通常是窄单元的 2～3 倍。对于两个相邻的二进制数位，由条纹到间隔或由间隔到条纹，均存在着明显的印刷界限。39 码、库德巴码及常用的 25 码、交插 25 码均属宽度调节型条码。

以 EAN-13 为例：

EAN/UPC 字符集包括 A 子集、B 子集和 C 子集。每个条码字符由

2个"条"和2个"空"构成。每个"条"或"空"由1~4个模块组成，每个条码字符的总模块数为7。用二进制"1"表示"条"的模块，用二进制"0"表示"空"的模块。条码字符集可表示0~9共10个数字字符。

EAN/UPC 条码字符集的二进制表示

数字字符	A 子集	B 子集	C 子集
0	0001101	0100111	1110010
1	0011001	0110011	1100110
2	0010011	0011011	1101100
3	0111101	0100001	1000010
4	0100011	0011101	1011100
5	0110001	0111001	1001110
6	0101111	0000101	1010000
7	0111011	0010001	1000100
8	0110111	0001001	1001000
9	0001011	0010111	1110100

A 子集中条码字符所包含的"条"的模块的个数为奇数，称为奇排列；B、C 子集中条码字符所包含的"条"的模块的个数为偶数，称为偶排列。

数字字符	A 子集（奇）[a]	B 子集（偶）[b]	C 子集（偶）[b]
0			
1			
2			
3			
4			
5			
6			
7			
8			
9			

EAN/UPC 条码字符集示意图

EAN-13 条码由左侧空白区、起始符、左侧数据符、中间分隔符、右侧数据符、校验符、终止符、右侧空白区及供人识别字符组成。

EAN-13 条码的符号结构

条码符号构成示意图

起始符、终止符的二进制表示都为"101"。

中间分隔符的二进制表示为"01010"。

起始符、终止符　　　　　　　中间分隔符

13 代码中左侧的第一位数字为前置码。左侧数据符根据前置码的数值选用 A、B 子集。

左侧数据符根据前置码的数值选用 A、B 子集

前置码数值	EAN-13左侧数据符商品条码字符集					
	代码位置序号					
	12	11	10	9	8	7
0	A	A	A	A	A	A
1	A	A	B	A	B	B
2	A	A	B	B	A	B
3	A	A	B	B	B	A
4	A	B	A	A	B	B
5	A	B	B	A	A	B
6	A	B	B	B	A	A
7	A	B	A	B	A	B
8	A	B	A	B	B	A
9	A	B	B	A	B	A

在 EAN 条码符号二进制表示中，条码符号的左侧数据排列由前置码决定，右侧数据符的排列规律为 CCCCCC。

为了更清晰的了解 EAN/UPC 条码的符号字符集表示，我们以代码6901234567892 进行示例。其条码符号中的左侧数据符（"901234"）的排列形式是由前置码 "6" 来决定的，由 "左侧数据符 EAN/UPC 条码字符集的选用规则" 可查出数据排列规律为 "ABBBAA"，右侧数据符为 "CCCCCC" 因此，左、右数据符排列规律为 "ABBBAACCCCCC"。进而对照 "EAN/UPC 条码字符集的二进制表示"，我们就可以得出代码6901234567892 的左、右侧数据符二进制标识。

代码 **6901234567892**

代码字符	左侧						右侧					
	9	0	1	2	3	4	5	6	7	8	9	2
条码字符的排列规则	A	B	B	B	A	A	C	C	C	C	C	C
条码字符的模块排列	0001011	0100111	0110011	0011011	0111101	0100011	1001110	1010000	1000100	1001000	1110100	1101100

如果加上起始符、终止符和分隔符，那么代码 6901234567892 的完整二进制表示就可以写成："1010001011010011101100110011011011101 01000110101010011101010000100010010010001110100110 1100101"，通过二进制的转化，条码就可以通过计算机快速读取。

在当时的历史条件下，不同种类的条码码制先后出现，但最终 EAN／UPC 条码由于其方便识读的特点获得了多数厂商的青睐，从众多码制脱颖而出并经受住了历史的考验，在全球得到成功应用。

第三节 条码码制"大爆炸"

条码在早期，曾有过各式各样的形式，以满足不同的环境及用途。20 世纪 50—60 年代，一大批条码码制出现在人们的视野中。条码码制"大爆炸"就发生在这个时期，当时，对条码产生浓厚兴趣的发明家不止伍德兰和西尔弗。

1959 年，吉拉德·费伊赛尔（Girad Feissel）等人申请的一项专利中，出现了"七段平行线"条码，即数字"0~9"中每个数字可由七段平行条组成的条码。但是依靠机器难以识读这种条码，也并不便于人工识读，所以没有得到广泛应用。不过，这一构想促进了条码码制的产生与发展。不久后，E.F. 布林克尔（E.F.Brinker）申请了将条码标识在有轨电车上的专利。20 世纪 60 年代后期，西尔韦尼亚（Sylvania）发明了一种被北美铁路系统所采纳的条码系统。

"七段平行线"条码

机器难以识读这种条码，人们读起来也不方便，不过这一构想的确促进了后来条码的发展。

目前已知的世界上正在使用的条码有 260 多种。这些类型的条码依据编码结构和性质可分为定长和非定长条码、连续型和非连续型条码、自校验和非自校验型条码等。

所谓自校验，是指条码字符本身仅出现一个错误时具有校验错误的特性，比如在印刷缺陷时（如出现一个污点把窄条错认为宽条，相邻宽空错认为窄空等情况）不会导致替代错误。对于自校验功能的条码，一般不需要加入校验位，但为了满足特定场合数据安全性的要求，可在条码数据符的后面加一位校验符。对于一些非自校验的条码，可以通过增加校验位来实现条码校验的功能，比如 EAN/UPC 条码采用从代码位置序号第二位开始，所有的偶（奇）数的数字代码进行数学运算的方法来校验条码的正确性。

　　25 码（二五码）是最简单的条码，它研制于 20 世纪 60 年代后期，到 1990 年由美国正式提出。这种条码只含数字 0～9，应用比较方便。由于 25 码是一种只有条表示信息的非连续型条码，每一个条码字符由规则排列的 5 个条组成，其中有两个条为宽单元，其余的条和空，字符间隔是窄单元，故称之为"25 码"。当时 25 码主要用于各种类型文件处理、仓库的分类管理、标识胶卷包装及机票的连续号等。但 25 码不能有效地利用空间，人们在 25 码的启迪下，将条表示信息，扩展到用空也表示信息。因此在 25 码的基础上又研制出了条、空均表示信息的交插 25 码。

表示"123458"的 25 码

　　交插 25 码（交插二五码）是由美国 Intermec 公司于 1972 年发明的，初期广泛应用于仓储及中控领域，于 1981 年开始将其应用于运输包装领域。1987 年日本引入后，用于储运单元的识别与管理。交插 25 码是一种长度可变的连续型自校验数字式码制，其字符集为数字 0～9。采用两种单元宽度，每个条和空是宽或窄单元。编码字符个数为偶数，所有奇数位置上的数据以条编码，偶数位置上的数据以空编码。如果为奇数个数据编码，则在数据前补一位 0，以使数据为偶数个数位。目前在运输中应用比较广泛的 ITF-14 条码采用的就是交插 25 码码制，主要用于运输包装，是印刷条件较差、不允许印刷 EAN-13 和 UPC-A 条码时选用的一种条码，比如在瓦楞纸箱等商品运输包装上就可以印刷这种条码。

采用交插 25 码码制的 ITF-14 条码

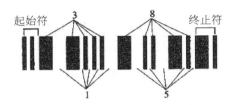

表示"3185"的交插 25 条码

　　在其他领域，条码的研制也在积极探索。库德巴（Codabar）码是 1972 年由蒙那奇·马金等人研制，广泛应用于医疗卫生和图书馆行业，也用于邮政快件上。当时美国输血协会还将库德巴码规定为血袋标识的条码，以确保操作准确，保护人们的生命安全。库德巴码是一种长度可变的连续型自校验数字式码制。其字符集为数字 0~9 和 6 个特殊字符（－、：、／。、＋、￥），共 16 个字符。左侧空白区、起始符、数据符、终止符及右侧空白区构成。它的每一个字符由 7 个单元组成（4 个条单元和 3 个空单元），其中 2 个或 3 个是宽单元（用二进制"1"表示），其余是窄单元（用二进制"0"表示）。库德巴码字符集中的字母 A、B、C、D 只用于起始字符和终止字符，其选择可任意组合。当 A、B、C、D 用作终止字符时，亦可分别用 T、N、#、E 来代替。

标识 A12345678B 的库德巴码

　　随着条码技术的应用领域不断拓展，简单的数字式码制已经无法满足人们的需求。Code 39（39 码）是 1975 年由美国的 Intermec 公司研制的一种条码，能够对数字、英文字母及其他字符等 43 个字符进行编码，是第一个字母数字式码制。由于它具有自检验功能，使得 39 码具有误读率低等优点，首先为美国国防部所用。目前广泛应用在汽车制造、材料管理、经济管理、医疗卫生和邮政、储运单元等领域。我国于 1991 年研究制定了 39 条码标准（GB/T 12908-2002），推荐在运输、仓储、工业生产线、图书情报、医疗卫生等领域应用。

　　39 码是一种条、空均表示信息的非连续型、非定长、具有自校验功能的双向条码，其字符集为数字 0～9、26 个大写字母和 7 个特殊字符（-、。、Space、/、%、￥），共 43 个字符。每个字符由 9 个单元组成，其中有 5 个条（2 个宽条、3 个窄条）和 4 个空（1 个宽空、3 个窄空）。

标识 "B2C3" 的 39 条码

　　从 80 年代初，人们围绕提高条码符号的信息密度，开展了许多研究。128 码（一二八码）和 93 码（九三码）就是其中的研究成果。相较于 39 码，1981 年推出的 128 码是一种长度可变、连续性的字母数字条码。128 码可表示从 ASCII 0（美国标准信息交换代码）到 ASCII 127 共 128 个字符（其中包含数字，字母，符号），故称 128 码。与其他一维条码比较起来，128 码是较为复杂的条码系统，而其所能支持的字符比其他一维条码多，又有不同的编码方式可供交互运用，因此其使用弹性也较大。GS1-128 码是普通 128 码的子集，由 GS1 和国际自动识别制造协会合作设计而成，并将 128 码符号起始符后面的第一个字符值的功能符 1（FNC1）专门留给 GS1 系统使用。

　　GS1-128 码字符集属于字母／数字字符集，由左侧空白区、双字符起始符、数据字符、校验符、右侧空白区组成，每个条码字符（终止符除外）由 6 个单元 11 个模块组成，包括 3 个条、3 个空，每个条或空的宽度为 1～4 个模块。终止符由 4 个条、3 个空共 7 个单元 13 个模块组成。在条码字符中条的模块数为偶数，空的模块数为奇数，这一奇偶特性使每个条码字符都具有自校验功能。

　　由于 GS1-128 码是连续非定长条码，字符的个数可以根据需要确定，但是符号的物理长度和数据字符的个数有一定限制，每个符号的最大物理长度为 165mm，字符个数最多为 48 个。

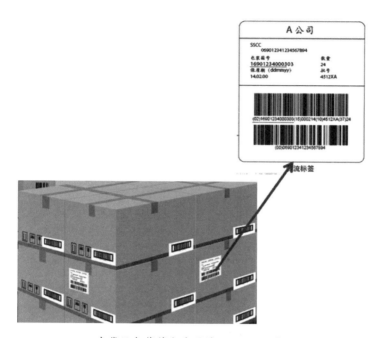

在货运包装箱上应用的 GS1-128 码

GS1-128 码符号基本格式

　　所有使用 GS1 应用标识符的 GS1 条码允许多个单元数据串编码在一个条码符号中，这种编码方式称为链接。链接的编码方式比分别对每个字符串进行编码节省空间，因为只使用一次符号控制字符。同时，一次扫描也比多次扫描的准确性更高，不同的元素串可以以一个完整的字符串供条码扫描器传送。在供人识别字符中，应该用圆括号把应用标识符括起来，以便于识读，在把多个单元数据编码于一个 GS1-128 码中时，要遵循"先预定义长度单元数据串，后可变长度单元数据串"的原则。所谓预定义长度单元数据串，是指那些预先设定了数据串长度且长度不变的单元数据串，如贸易项目标识、生产日期等单元数据串。预定义长度单元数据串的后面不需要插入分隔符（FNC1 字符）；非预定义长度单元数据中（即可变长度单元数据中）的后面则必须插入分隔符，但 GS1-128 条码中最后一个单元数据中的后面不需要插入分隔符。"先预定义长度单元数据中"的目的就是为了要减少分隔符的用量。

预定义长度指示符表

应用标识符 的前两位	字符数 （应用标识符和数据域）	应用标识符 的前两位	字符数 （应用标识符和数据域）
00	20	17	8
01	16	（18）	8
02	16	（19）	8
（03）	16	20	4
（04）	18	31	10
11	8	32	10
12	8	33	10
13	8	34	10
（14）	8	35	10
15	8	36	10
（16）	8	41	16

　　预定义长度指示符表，所列的字符数是限定的字符长度，并且不变。括号中的数字是预留的尚未分配的应用标识符。

　　GS1-128码除了可表示贸易项目的标识（如全球贸易项目代码GTIN）外，还可用于表示批号，生产日期，贸易计量（重量、尺寸、体积等），保质期等各种附加信息，从而广泛用于非零售贸易项目、物流单元、资产、位置的标识，如贸易项目标识、批号、生产日期等单元数据串。每个单元数据串由一个标识部分（前缀码或应用标识符）和一个数据部分组成。例如，"（01）06901234567892"是表示定量贸易项目标识的单元数据串；"（11）060818"是表示生产日期的单元数据串。其中圆括号中的数字是应用标识符，圆括号后的数据是数据部分。

　　而由Intermec公司于1982年开发的93码密度更高，安全性更强。93码采用的是双校验符，也就是说，条码里有两个校验码，以降低条码扫描器读取条码的错误率。93码的打印长度较39码短，相同的字符集下，比39码要窄。而且93码的字符表与39码相容，在印刷面积不足的情况下，可以适当地使用93码代替39码。

不同码制的技术参数

种类	长度	排列	校验	字符符号、码元结构	标准字符集	其他	码制图片
EAN-13、EAN-8	13位、8位	连续	校验码	7个模块，2条、2空	0~9	EAN-13为标准版、EAN-8为缩短版	
UPC-A、UPC-E	12位、8位	连续	校验码	7个模块，2条、2空	0~9	UPC-A为标准版、UPC-E为消零压缩版	
25码	可变长	非连续	自校验	14个模块，5个条，其中2个宽单元3个窄单元	0~9	空不表示信息，密度低	

种类	长度	排列	校验	字符符号、码元结构	标准字符集	其他	码制图片
交插25码	定长或可变长	连续	自校验+校验码	18个模块表示2个字符、5个条表示奇数位5个空表示偶数位	0~9	表示偶数位个信息编码，密度高，EAN、UPC的物流码采用该码制	06901234567892
39码	可变长	非连续	自校验+校验码	12个模块，5条、4空，其中3个宽单元，6个窄单元	0~9、A~Z、-、$、/、+、%、*、.、空格	"*"用作起始符和终止符，密度可变，有串联性，亦可增设校验码	*6901234567892*
93码	可变长	连续	校验码	9个模块，3条、3空	0~9、A~Z、-、$、/、+、%、*、.、空格	有串联性，可设双校验码，加前置码后可表示128个全ASCII码	6901234567892
库德巴码	可变长	非连续	自校验	7个单元4条3空	0~9、A~D、$、+、-、/	有18种密度	A6901234567892B
128码	可变长	连续	校验码	11个模块，3条、3空	三个字符集覆盖了128个全ASCII码	有功能码、对数字码的密度最高	(01) 2 6901234 70005 7 (10) 123

此外，Charecogn公司的旭日码、Scanner公司的406码、美国邮政服务部门使用的Postnet的代码，以及PDF417、Datamatrix、Code 6等，在汽车、交通运输、化学和电子行业中都非常流行。

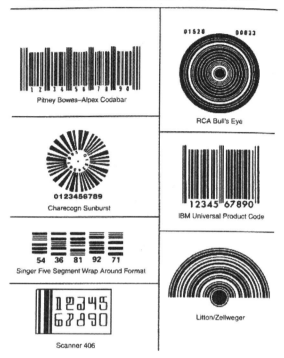

市面上曾出现过的各式各样条码，例如 Codabar、旭日码、406 码

美国邮政系统使用的条码

　　自条码诞生至今，经过一代代研究者的不断发明与探索，出现了不同码制的条码，有一些条码已经不再使用，但还有一些条码如 EAN/UPC

码、25 码、交插 25 码、GS1-128 码等时至今日仍在大规模应用。随着技术的不断进步，条码技术彻底改变了人们的工作和生活方式，并推动人们体验更加优质和便捷的生活。

第四节　"金色小鸡"带来的变革

20 世纪 70 年代的一天，美国的一位顾客走进商店选购了一件价格低廉的"金色小鸡"产品。但在扫描结算的时候，其价格信息显示却是 90 多美元。"这怎么可能？它不可能超过 1 美元。"消费者愤怒地与收银员发生争执。收银员也知道是出了差错，但这种商品因为条码的印刷质量问题，在扫描的时候总是出现类似的错误。虽然史料对"金色小鸡"具体是什么产品语焉不详，但这个事件促进了条码印制质量的提高。

美国"金色小鸡"品牌 Logo

这件令人担忧的"金色小鸡"事件，恰好是在关于是否强制要求商品标价的"争论"最激烈的时候出现的……为什么会有这种"争论"呢？

当时条码技术的应用已越来越广泛，给消费者带来的便利性也是显而易见的。但消费者也有一种担忧——包装上去掉商品价格的标识，是否会损害消费者利益？就拿"金色小鸡"为例，如果不是价格差错太过悬殊，消费者可能也就为它的差错买单了。为了避免这种差错给消费者带来损失，一些有组织的消费团体开始不断呼吁立法强制在商品上标示价格，从而在结算的时候轻松核对。但据估计，去掉商品标价能够增加销量，因此一些商业协会极力反对强制要求商品标价的立法。

与消费者团体争论时，反对立法的一方（主要是商业协会）回应称：商品价格都会标注在货架上，而且通过扫描设备获取的信息更详细，现金收据也更容易快速比对价格。如果商品收费不合理，大多数商店甚至会将商品无偿赔付给消费者。况且，条码扫描设备识别出的商品价格一定比商店店员人工计算贴上的价格标签更准确。

如果寻求强制商品标价立法的消费者组织抓住"金色小鸡"这个典型事件，无疑会促进加速立法增加价格标识。当时，"金色小鸡"的差错只引起了条码运营管理机构的注意，而没被消费者组织重视。最终，它成了推进提高条码印制质量的"催化剂"。

那么，条码质量提升进程中，有哪几个关键点呢？"金色小鸡"总是扫描出错的原因又是什么呢？

回看条码自动识读技术本身，其主要是由条码扫描和译码两部分构成。扫描是利用光束扫读条码符号，并将光信号转换为电信号，这部分功能由扫描器完成；译码是将扫描器获得的电信号按一定的规则翻译成相应的数据代码，然后输入计算机（或存储器）。当扫描器识别条码符号时，光敏元件将扫描到的光信号转换为模拟电信号，模拟电信号经过放大、滤波、整形等信号处理，转换为数字信号。译码器按照一定译码逻辑对数字脉冲进行译码处理后，便可得到与条码符号相应的数字代码。

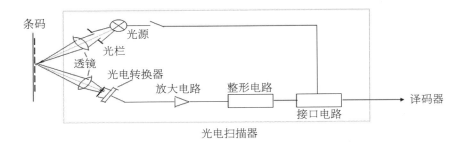

条码扫描识读原理图

具体来看，在今天所使用的条码中，人们通常把深色条纹叫作"条"，浅色条纹叫作"空"。条码信息靠条和空的不同宽度和位置来传递。

条码的"条"和"空"

"条"反射光线能力弱，"空"反射光线能力强；而扫描器便是通过利用"条"和"空"对光线反射率的不同来计算"条"与"空"的宽度并进行译码，从而获取商品信息，并将信息输入处理系统，显示在屏幕上。这样，人们就可以轻松地获取商品的各种信息。

也正是因为"条"和"空"的光线反射率的精准度极其重要，因而条码印刷的质量是确保条码正确识读、使条码技术产生社会效益和经济效益的关键因素之一。条码印刷品质量不符合技术要求，轻者会因识读器的拒读而影响扫描速度，降低工作效率，重者则会因误读而造成整个信息系统的混乱。显然，"金色小鸡"事件属于后者。

值得注意的是，一些企业为了让条码显眼或者配合外包装颜色，而采用红色条码（即将红色作为条色），但在条码印制之后却扫描不出信息。这是由于条码的识读设备通常采用红光作为扫描光源，而红色对红光反射率高，因此扫描红色条码时识读器无法区分条与空，造成条码识读失败。所以在条码的设计过程中，要选择对红光反射率低的颜色作为条色，对红光反射率高的颜色作为空色。通常情况下，条色为深色，空色为浅色；黑色作条，白色作空，是最为安全的条码。

国际物品编码协会（GS1，原名 EAN International）曾经在 1987年对各国的条码印刷品进行了调查，结果表明条码印刷质量问题是一个国际性的普遍问题。为了提高条码印刷质量，就必须进行检测，必须引起人们的高度重视。从理论上讲，条码一次扫描识别成功的概率应在 98% 以上。据统计资料表明，在系统拒读、误读事故中，条码标签质量原因占事故总数的 50% 左右，因此，在印刷条码前，要做好印制设备和印制介质的选择，以获取合格的条码符号。在日常生活中，万一遇到了扫描器读取不了条码的情况，条码下方的一串数字字符就派上了用场，这些数字可供人们肉眼识别，超市里的收银员可以通过输入数字达到读取数据的目的，这些数字与通过扫描器读取的数据是一致的。

条码自动识别技术设备的发展，支撑了各行业领域的条码应用不断向纵深发展。20 世纪 70 年代，在各个工业国的积极推动下，国际自动识别制造商协会（Automatic Identification Manufacturer Association,

简称 AIM，后更名为国际自动识别与移动技术协会，英文为 Association for Automatic Identification and Mobility，简称 AIM Global）于 1974 年成立。其目标是建立一个有制造商和供应商参加的协作团体，以形成尽可能广阔的自动识别设备生产、供应和服务的有效市场。与此同时，一些制造业与工业较发达的国家也相继成立了本国的自动识别制造商协会，有利地推动了条码自动识别技术产业的迅速发展。2001 年，我国成立了 AIM Global 在我国的会员组织——中国自动识别技术协会（AIM China）。

如今在世界各国从事条码技术及其系列产品的开发研究、生产经营的厂商达上万家，开发经营的产品有数万种，成为具有相当规模的高新技术产业。目前，他们的产品正在向着多功能、远距离、小型化软件硬件并举，信息传递快速，安全可靠，经济适用等方向发展，出现许多新型技术装备。

此外，商品条码的质量检测技术和设备也至关重要，它可以在出厂前检验印刷质量是否合格，从而避免因条码印制质量不合格而导致条码扫描结果不准确所造成的商业损失。1990 年，由美国国家标准局制定了 ANSIx3.182 方法，用于将印刷质量综合分级；2000 年，ISO/IEC15416 颁布，在技术上兼容 ANSIx3.182。有鉴于此，我国在 2001 年制定了国家标准 GB/T 18348《商品条码符号印制质量的检验》，内容上也采用了美标方法。GB/T 18348—2001 规定的检测项目共 12 项，包括译码正确性、最低反射率、符号反差、最小边缘反差、调制比、缺陷度、可译码度、符号一致性、空白区宽度、放大系数、条高和印刷位置。

在条码体系不断发展的过程中，到 20 世纪 80 年代初，相应的自动识

别、检测设备和印制技术取得了长足的发展，实现了一次精准化跃升。如
下表所示。

检测设备和印刷技术发展

时间	设备	研发者	意义
1951 年	第一台使用光学字符（OCR）的阅读器	David Sheppard	此后 20 年，50 多家公司和 100 多种 OCR 阅读器进入市场
1964 年	第一台带字库的 OCR 阅读器	识读设备公司	实现了用设备识别普通打印字符的首次应用
1969 年	第一台固定式氦氖激光扫描器	Computer-Identics 公司	该公司是第一家生产条码相关设备的公司
1971 年	PCP 便携式条码阅读器	Control Module 公司	这是首次在便携机上使用微处理器和数字盒式处理器
1971 年	第一台便携笔式扫描装置 Norand 101	Norand 公司	预示着便携式零售扫描应用的大发展和自动识别技术进入崭新的领域
1974 年	Plessey 条码打印机	Intermec 公司	这是行业中第一台 demand 接触式打印机
1978 年	条码检测仪 Lasercheck2701	Symbol 公司	它是第一台注册专利的条码检测仪
1980 年	第一台热转印打印机 5323 型	Sato 公司	它的设计是为零售业打印 UPC 码而诞生的
1981 年	第一台线性 CCD 扫描器——20/20	Norand 公司	实现了条码扫描与 RF/DC 第一次共同使用
1982 年	商用手持式、激光光束扫描器 LS7000	Symbol 公司	作为首部成功应用的商用手持式设备，它标志着便携式激光扫描应用的开始

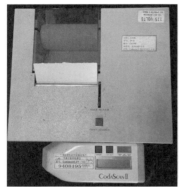

CODASCAN II 平推式条码检测仪　　　　JY-3C 系列便携式条码检测仪

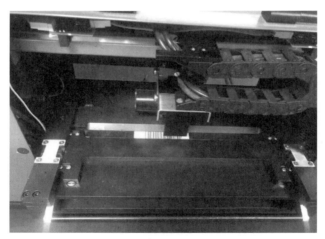

C50 条码检测仪

　　与此同时，与条码相关的学术组织、管理机构组织的学术活动也在蓬勃发展。如 1971 年 AIM（自动识别技术制造商协会）成立，当时有 4 家成员公司（Computer-Identics、Identicon、3M 和 Mekoontrol）。1986年成员数量发展到 85 家，到了 1991 年年初，发展到 159 家。1982 年，第一本《条码制造商及服务手册》由《条码讯息》（*Bar Code News*）出版。1984 年，条码行业第一部介绍性著作《字里行间》（*Reading Between the Lines*）出版，作者是 Craig K.Harmon 和 Russ Adams。1985 年，自动编码技术协会（FACT）作为 AIM 的一个分支机构成立，成立初期，该协会包括 10 个行业。到了 1991 年，FACT 已经有 22 个行业参加。1987 年，在 James Fales 教授的努力下，俄亥俄大学建立了"自动识别中心"，该中心在 AIM 的协助下，为讲授自动识别技术课程培养教师。1989 年，在旧金山举行的自动识别技术展览 Scan-Tech89 成为历史上的"扫描大震动"。

伴随着高新技术的飞速发展，国际经济迅速向全球化迈进，促进了信息开发和信息服务业的诞生和发展。计算机在性能上日臻完善，超大规模集成电路和超高速计算机技术的突飞猛进，人们更加关注如何使得数据输入的质量和速度相匹配。世界各国已把条码技术的发展向着生产自动化、交通运输现代化、金融贸易国际化、票证单据数字化、安全防盗防伪保密化等方向推进，除了大力推行 EAN/UPC 条码外，同时重点推广应用GS1-128 条码（最初命名为 UCC/EAN-128 条码）、GS1 系统应用标识符、二维码等；在条码种类上，除了大多数在纸质介质外，还研究开发了金属条码、纤维织物条码、隐形条码等，扩大应用领域并保证条码标识在各个领域、各种工作环境的应用。

如今，条码技术与其他技术的相互渗透、相互促进，将改变传统产品的结构和性能。条码识读器的可识别和可编程功能，可以用在许多场合。通过扫描条码从而传达相应的指令，使自身可设置成许多特定的工作状态，因而可广泛用于电子仪器、机电设备以及家用电器中。

第五节 全球统一产品编码的出现

1974 年 6 月 26 日，美国一位名叫道森的购物者走进美国俄亥俄州特洛伊市的马什超市（Marsh's Supermarket），购买了一包箭牌口香糖，扫描条码然后付钱。这在今天是司空见惯的事，当时却成了标志性事件。这包价格为 67 美分的箭牌口香糖是世界上第一件通过扫描自动结算的商品。如今，这包口香糖被陈列在位于史密森学会的国立美国历史博物馆里。

箭牌口香糖是世界上第一件通过扫描自动结算的商品

而这家超市也因是第一家使用条码扫描设备的商店而被历史铭记。当时，该超市所采用的是 NCR 公司生产的条码扫描仪器。整个扫描系统由 4 台扫描仪器组成，4 个收银台上各安装一个，然后连接到商店办公室的一台简易计数计算机上。而就在此之前，美国的 UPC 码标准刚刚公布。它的发布促进了条码在美国的应用，也为后来条码技术在商业流通销售领域里的广泛应用，起到了积极的推动作用。

从历史角度看，马什超市的首次尝试具有非常重要的意义，但它并没有标志着条码推广的成功。在此后的许多年中，条码经历了极其艰难的发展，才得以普及。

以最早使用 UPC 码为例，其在美国刚开始推广的时候，零售商们并不愿意购买 UPC 码的扫描仪器，而食品杂货生产商也不愿意为了印 UPC 码而更换包装。UPC 码的推广从其一诞生就陷入僵局，但很快，这种局面被一个契机打破。1973 年，美国食品与药品监督管理局颁布法规，要求在商品包装上打上食品营养成分的标签，这就意味着大部分食品包装需要更换且重新设计。此时，生产商的包装上再添加 UPC 码，新增的成本就微乎其微了。

UPC 码和条码扫描仪器首先被用于超市，随后又扩展到批发商和销售商那里。从 1974 年起，UPC 码向非零售行业拓展，如医药、折扣店等拥有高销售额的行业。而汽车生产商也紧随其后，把条码打在了流水生产线上的一个个汽车零部件上。从 1975 年国际零售店协会估计的数字来看，当时 UPC 码的应用取得了巨大成功：仅华盛顿特区的超市，在使用了 POS 系统（Point of Sale，销售终端）后，就减少了 25%～30% 的工作量，每年节省约 1 亿美元。

其中，常用的 UPC 条码有两种形式，即 UPC-A 码和 UPC-E 码。

UPC-A 码

UPC-E 码

UPC-A 码所表示的代码结构如下表所示。

UPC-A 码的代码构成（GTIN-12 代码）

厂商识别代码和商品项目代码	校验码
N_1 N_2 N_3 N_4 N_5 N_6 N_7 N_8 N_9 N_{10} N_{11}	N_{12}

厂商识别代码是统一代码委员会（GS1 US）分配给厂商的代码，由左起 6～10 位数字组成。其中，N1 为系统字符。

商品项目代码由厂商编码，由 1～5 位数字组成。

校验码为 1 位数字，用于检验编码的正误。

UPC-E 码应用较少，只有当商品或其包装较小、无法印刷 UPC-A 条码时候，才使用 UPC-E 码。其代码结构称为消零压缩代码结构，是将系统字符为 0 的 12 位代码进行消零压缩所得的 8 位数字代码。

随着条码使用企业的增多，管理上也遇到了一些急需解决的问题。在林林总总的代码中，怎样才能确保商品的条码信息是"独一无二"的唯一标识呢？

其实，早在 1971 年，为了选择合适的代码作为日后的统一代码使用，美国食品杂货工业委员会就曾创立了商品标识符号选择分委员会。两年后，其履行完职责后解体，后续工作主要交由另一个管理代码的委员会完成。它就是美国统一代码委员会（UCC）。

对于条码的管理来说，其核心是对条码所表示的物品编码的管理。根据应用范围的不同，可以采用不同的管理方法。如果条码应用是为了满足一个企业内部管理系统的需要，只需将产品赋予适合企业需要的内部编码就行了，但这种内部编码及对应的条码仅限于企业内部使用，不能进入开放的流通领域；如果条码应用在比较大的范围，如一个地区或国家，就需要统一的管理，统一规范条码的编码和应用；如果条码的应用扩大到全球，物品在全球化的开放领域流通，就必须有严密的全球编码分配管理体系，保证每一种产品拥有一个全球范围内唯一的、公认的、通用的编码，这就是产品的"国际身份证"号，即商品条码号。这个全球唯一的编码在商品流通、产品追溯与召回、物联网等应用中起到至关重要的作用。

回到 20 世纪 70 年代初，UCC 为此做出了一系列探索和努力，制定了管理 UPC 编码的规则。尤其是在 UPC 码运作管理的第一年，委员会不得不处理大量执行中出现的问题。其中一些问题非常棘手，可以说是开了历史的先河。

早期扫描技术的推广速度很慢，但是在其实际应用一年多以后，这项技术的准确性得到了使用者的普遍认可，一些早前处于观望状态的商店也开始购入新的扫描设备，使用范围逐渐扩大。资料显示，1975 年，在超市销售的产品中，50% 都贴上了印有 UPC 码的标签。

1976 年，Gallo 葡萄酒酿造公司加入 UCC。其作为龙头企业率先采用 UPC 码，起到了重要的引领作用，很快美国葡萄酒制造业采用 UPC 码的进程加速。与此同时，蒸馏烈性酒行业推进 UPC 码的进程却并不顺利，但北美生产商们逐渐意识到不同的编码系统并存的局面将结束，统一的编码标识将会形成，并开始努力推广 UPC 码。

UPC 码刚开始在各领域推广的过程极其艰难，但其优势明显呈现之后，采用 UPC 码就成了生产商和商店自主选择的结果。仅从 1988 年的一份统计资料来看，美国当时已经有 8 万多家制造商申请使用了 UPC 码，95% 以上的食品杂货应用 UPC 条码来标识商品，使用扫描技术的企业也已经达到 2 万余家。到 2020 年，条码技术已在工业生产线、仓储管理、邮电、货运站、码头、海关、医院、图书文献等领域广泛应用。美国还发展了船用集装箱——生产、数据和通信三位一体的条码系统。通过与批发商和零售商相联系的信息系统，生产厂家可以即刻了解某产品在某地区、某家商店销售了多少的情况，经过分析可以在生产和销售方面做出快速反应。

美国和加拿大采用 UPC 码带来的成功和持续红利给了人们很大的鼓舞，欧洲对此也产生了极大兴趣。在美国统一代码委员会的影响下，1974年，欧洲的 12 个国家（英国、联邦德国、法国、丹麦、挪威、比利时、芬兰、意大利、奥地利、瑞士、荷兰、瑞典）的制造商和销售商代表决定成立欧洲代码统筹委员会（Ad-Hoc Council），专门研究在欧洲建立统一商品编码体系的可能。经过 4 年的摸索，在 12 位的 UPC-A 商品条码的基础上，他们开发出与 UPC-A 商品条码兼容的 13 位的欧洲物品编码系统（European Article Numbering System，简称 EAN 系统），并签署了欧洲物品编码协议备忘录，正式成立欧洲物品编码协会。

欧洲物品编码协会的建立，加速了条码在欧洲乃至全世界的应用进程。随着其会员数量迅速增加，会员范围很快超出了欧洲区域。到了 1981年，由于 EAN 已经发展成为一个国际性的组织，为了体现该组织已经形成的国际地位，发挥其在全球物品标识系统中的作用，故改名为国际物品编码协会（International Article Numbering Association，简称 EAN International），但是由于历史原因和习惯，一直被称为 EAN。

下面这组图形和文字为我们在国内外常见的 EAN-13 码与 EAN-8 码及它们相应的代码结构。

EAN-13 码

EAN-13 码的代码结构（GTIN-13）

结构	厂商识别代码（含前缀码）	商品项目代码	校验码
结构一	$N_1\ N_2\ N_3\ N_4\ N_5\ N_6\ N_7$	$N_8\ N_9\ N_{10}\ N_{11}\ N_{12}$	N_{13}
结构二	$N_1\ N_2\ N_3\ N_4\ N_5\ N_6\ N_7\ N_8$	$N_9\ N_{10}\ N_{11}\ N_{12}$	N_{13}
结构三	$N_1\ N_2\ N_3\ N_4\ N_5\ N_6\ N_7\ N_8\ N_9$	$N_{10}\ N_{11}\ N_{12}$	N_{13}
结构四	$N_1\ N_2\ N_3\ N_4\ N_5\ N_6\ N_7\ N_8\ N_9\ N_{10}$	$N_{11}\ N_{12}$	N_{13}

　　前缀码：厂商识别代码前 2～3 位数字（N_1N_2 或 $N_1N_2N_3$）为前缀码，是国际物品编码协会（GS1）分配给国家（或地区）编码组织的代码。目前，GS1 分配给中国大陆的前缀码为 690～699。需要说明的是，前缀码不代表产品的原产地，而只能说明分配和管理该厂商识别代码的国家（或地区）编码组织。

　　厂商识别代码：由 7～10 位数字组成（含前缀码）。

　　商品项目代码：由 2～5 位数字组成，由厂商自行分配，也可由编码组织负责编制。厂商分配商品项目代码应遵循无含义的编码原则，即商品项目代码中的每一位数字既不表示分类，也不表示任何特定信息，最好以流水号形式为每个商品项目编码。

　　校验码：用来校验编码的正误。

EAN-8 码

EAN-8 码的代码结构（GTIN-8）

商品项目识别代码	校验码
$N_1\ N_2\ N_3\ N_4\ N_5\ N_6\ N_7$	N_8

　　商品项目识别代码：由编码组织为厂商的特定商品项目分配，以保证代码的全球唯一性。

　　校验码：用来检验整个编码的正误。

GTIN 分配原则

除了欧美之外，还有一些国家在物品编码发展进程中起步较早，也做出了一定贡献。

1978 年，日本物品编码机构 DCC（原英文缩写名称）加入 EAN，确定推广应用 EAN 系统，并建立了 JAN（EAN 条码在日本的称谓），作为日本的工业标准（JIS）。其 EAN 系统发展迅猛，原来大量孤立的代码被转换成统一代码，且范围不断扩大，这一举措获得了显著的经济效益。也正是这些广泛使用的统一代码与条码标识，支持日本商品畅通无阻地进入世界各地的超市和可扫描结算的百货商店、专业商店，进而促使日本成了一个外贸出口大国。

1991 年，日本游戏公司 Epoch 做了一款使用商品条码玩的游戏：Barcode Battler，这款游戏随机附赠了带有商品条码的游戏卡。这些游戏卡代表了玩家的生命值、防御、武力等数值，玩家需要使用这些卡片在游戏机卡槽上划一下，游戏卡上的数值即可在游戏机上显示。除了附带的

游戏卡外，任何商品条码都能够通过同样的办法参与到游戏中，随着这款
游戏的热销，在当时的日本掀起了一股收集商品条码的热潮。

　　新西兰也是一个推广应用条码技术较早的国家。其在 1981 年就成立
了新西兰物品编码协会，在完成了 EAN 条码系统建设之后，又转向了条
码技术的开发层面，建立了扫描销售数据委员会。越来越多的企业参加了
数据交换，获取各个生产厂商的销售信息等数据。可以说，新西兰在建立
扫描销售数据服务方面，为条码在各个行业的应用开拓了一个新的领域。

　　而随着全球化发展的需要，UCC 与 EAN 两大条码标准与应用推广机
构在 1978 年达成一份联盟计划，拉开了二者协作的帷幕。从此，一个全
球条码标准化统一组织逐渐形成……

　　进入 21 世纪，国际物品编码协会协同正在将 GS1 系统的应用，从单
纯的物品身份标识管理向贯穿于供应链全过程推进，并服务于全球主要经
济领域。

本章科普窗口

▶ 人们为什么需要条码？

　　编码是将物体数字化的过程，主要供人识读；条码则是编码的一种符
号展现形式，替代人肉眼识读而供机器自动识别，这样可以从根本上避免
因人工介入产生的差错，提高物品识别效率，降低运作成本。

　　20 世纪中期，随着"超市"概念在美国兴起，人们开始习惯于在一个
场所采购所有的生活必需品，这对于消费者来说是非常便利的。不过，众
多消费者的集中采购对超市管理者造成了很大压力。仅靠人工录入大量的

产品信息，同时还要保证快速完成众多商品的结算计价，是件非常困难的事情。为解决这一问题，条码应运而生。

条码诞生后，人们只需扫描条码即可完成结算，无须手工录入。如今，条码技术不仅从商品零售向物流供应链全过程发展，而且应用领域还扩展到工业、交通运输业、邮电通信业、医疗卫生、军事装备等国民经济各行业。

第二章

条码进入中国

第一节 出口罐头事件

1978 年，我国正式打开国门。随着改革开放不断深入，中国经济也进入了快速增长期。国家统计局的数据显示：从 1978 年至 2017 年，我国进出口总额从 355 亿元提升至 27.8 万亿元，贸易规模扩大 782 倍，年均增速达 18.6%。其中，出口总额从 168 亿元提高到 15.3 万亿元，增长 914 倍，年均增速为 19.1%。这其中，条码一直发挥着不可或缺的重要作用！

但在改革开放初期，我国的商品在出口时，却因为没有商品条码而引发了一系列难题。

1986 年，中国粮油进出口总公司经销的罐头在联邦德国销售时，产品上因没有印刷商品条码而无法进入联邦德国的超市销售。外商要求中国粮油进出口总公司在其罐头产品上印刷条码，但当时我国尚未加入国际物品编码协会，还没有把国际标准条码技术引入中国。为了顺利出口，该公司不得不向联邦德国编码协会支付 3.8 万马克的一次性费用，用以申请注册联邦德国的商品条码。当产品上印刷获准使用的条码之后，罐头得以重新在该国市场销售。

而这个付出昂贵费用才申请到的码段，也只获准在一个有限的时间内使用，此后每年还要根据销售额缴纳年度费用。

　　像这样的事件，在 20 世纪 80 年代并不是个例。当时，我国许多商品因为没有条码而不能出口，或者被外商以需要贴条码或重新包装为由，肆意压低价格。美国、澳大利亚等国家的一些商家纷纷致函我国有关企业，要求在规定期限内印刷商品条码，否则将降低价格或拒绝接受这些商品。此时，很多企业已经意识到，如果不在商品上面印刷条码，就无法进入国外正规市场销售，会带来不必要的损失。但我国尚未有一个组织对接国际标准条码技术，通过何种途径获取条码以及如何印刷到产品上，企业不得而知。出口企业非常被动，只能被外商"牵着鼻子走"，商品条码无疑已经成为国际贸易中的壁垒。

　　如果不尽快跟上国际步伐，中国制造的产品不能融入国际市场，将对中国国际竞争力造成损害。在这种情况下，成立相应的编码组织，加入国际物品编码协会，成为我国外贸出口"兵临城下"的需求。

　　在成立一个组织、协调、管理我国商品条码、物品编码与自动识别技术的机构之前，了解并掌握这门技术至关重要。

　　我国条码技术的研究始于 20 世纪 70 年代，当时的工作内容主要是学习和跟踪世界先进技术。20 世纪 80 年代中期开始，我国一些高校、科研部门，甚至一些出口企业，开始把条码技术的研究和推广应用逐步提上议事日程。

　　就在"出口罐头事件"发生之前，已有一些从事信息分类编码工作的科研人员敏锐地发现，条码技术将对零售业的发展起到革命性的重大影响。他们认为，未来信息化对产品信息和分类的需求很可能从商品标识开始。于是，他们从一个课题开始了探索，艰难起步，也自此开创了我国条码发展的先河。

资料显示，1986 年 1 月，国家标准局信息分类编码研究所理论室在研究工作计划（1987—1988 年）时，提出了一项任务——开展《条纹码研究》课题。其内容包括收集翻译有关资料、条纹码技术应用概况、条纹码的编制形式、条纹码识别技术以及如何在国内推广应用等。

1987 年 2 月，理论室正式将《条纹码研究》课题上报信息分类编码研究所科研处，列入正式研究项目。而在"七五"规划中，又一个名为《编制条纹码的基本原则和方法》的课题被列为理论室的重点工作。1987 年 10 月 13 日，信息分类编码研究所在制订"七五"后 3 年工作计划时，要求其于 1990 年提出该课题的研究报告。

1989 年，研究所将《条码标准化管理办法》《国内条码技术发展战略研究》《条码专用设备调研、购置与调试》《条码质量检测研究》《条码印刷技术研究》《条码胶片制作技术研究》《条码术语》《通用商品条码标准》《全国统一书号标准》等课题和标准制定项目也列入计划。

上述资料也同时记录下短短 3 年内国内对条码称谓的变化。在条码技术的研究在我国刚起步的 1986 年和 1987 年，条码尚被译作"条纹码"，对应国外在其应用之初的称谓"Bar Code"。在当时看来，"条纹码"的译法比较形象，也易为国内大众所认知，但与当时亚洲其他中文应用区域的翻译存在较大差别。而随后几年，即条码刚进入中国时，国内一些条码应用企业，包括一些条码研究人员开始称之为"条形码"。

条码的说法仍然有改进的空间，这种状况在 GB/T 12905 条码术语中得到体现。从 1989 年开始，中国物品编码中心开始起草《条码术语》国家标准，1991 年"条码术语"标准发布之后，正式启用"条码"这一术语。以此标准的发布为标志，"条码"的概念开始正式取代"条形码"。随着应用的普及，进入 20 世纪 90 年代后期，条码的概念已深入人心。

很多人对编码、条码、代码等概念有一些混淆。其实，编码是给事物或概念赋予一个具有一定的规律性、易被人或机器识别和处理的数字、符号、文字等的过程。简单地说，"编码"可以是一个动词，是指代为物品编制一个代码的过程；但当"编码"作为名词时，可以和"代码"混用。代码也可理解为信息编码，是作为事物（实体）唯一标识的一组有序字符组合，代码是人为确定的代表客观事物（实体）名称、属性或状态的符号或者是这些符号的组合。而条码是指由一组按特定规则排列的条和空及相应数据字符组成的符号。通俗地说，条码是一种图形化的信息代码，也是一种数据载体。

一个物品从标识到识别的过程，是从编码开始，即给这个物品赋予一个特有的代码，再用数据载体（如条码等）对代码进行表示，而数据载体本身具有可自动识别的功能，就可以通过机器将数据载体自动转化为代码，并关联出代码所指向的物品。

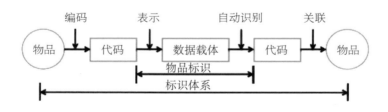

编码、代码、数据载体（如条码）关系

回到艰难的研究起步阶段，困难接踵而至。通过调研和课题的研究，国内应用条码的需求已经掌握清楚了，但要想实现应用、进行推广，首先就需要制作出质量合格的条码。国外当时已经有许多专用的条码制作设备，而我国尚未引进这些设备，当时刚走出校门的研究人员提出了一个"先用激光打印机打印条码符号再翻印"的办法，课题组一致认为该方案可行。但激光打印机是有了，配套软件怎么开发呢？经过讨论，课题组在研究编制条码激光打印软件时提出三个方案——自己编写、与有关单位协作、委托外单位编制。

我国条码事业创始人之一——时任国家标准局信息分类编码研究所理论室主任的康树国回忆，课题组首先找了高校专业院系谈合作委托，可对方表示需要 6 000 元的开发经费。"这可难倒我们了！当时理论室根本拿不出来这笔经费。逼得我们只能自己开发，这个任务就落在了张成海身上。这项工作极具难度，虽然张成海学的不是计算机科学专业，但他非常刻苦且善于钻研，废寝忘食、加班加点，终于将这一重要课题研究成功，取得重要成果。"我国应用条码的第一本图书《在中国发现历史》就是用这种方法实现的。

这套软件在我国属于首创，通过使用这个方法，成功打印出了条码，解决了条码应用推广的燃眉之急。而我国条码工作初期的推广应用，也是靠这个方法——用软件通过激光打印机将条码打印出来，先放大再缩小，以减小误差，再用胶片将其制作成条码。

如今，原本只有四五个人的国家标准局信息分类编码研究所理论室已经发展为本部拥有近 200 人、全国 47 个分支机构近 3 000 人的中国物品编码中心，代表我国加入国际物品编码协会，承担着组织、协调和管理我国的商品条码标识系统的重要职责，为物品编码事业的不断发展贡献力量。

在研究工作开展的过程中，一些早期的应用也开始了对条码技术的探索。随着计算机应用技术的普及，20 世纪 80 年代末，条码技术在我国邮电、仓储、图书管理及生产过程的自动控制等领域开始得到初步应用。

在条码引进中国的初期阶段，政府积极引导，为条码在中国的大规模应用起到了重要的作用。1988 年 9 月，为解决我国出口商品条码标识的需要，国家技术监督局会同国家科委、外交部和财政部向国务院提交了成立中国物品编码中心并加入国际物品编码协会的请示报告。

1988 年 12 月 28 日，请示获批后，国家技术监督局成立中国物品编码中心与中国标准化与信息分类编码研究所一个机构、两块牌子。

1991 年 4 月，经外交部批准，中国物品编码中心正式代表我国加入国际物品编码协会，对口联系 GS1 和国际上其他物品编码机构，统一组织、协调、管理我国的条码工作。最终，中国大陆商品获得以"690"开头的商品条码标识（现在 690–699 都为中国大陆前缀码），为我国开展商品条码工作创造了有利条件，中国商品编码系统成员数量迅速增加。

中国物品编码中心早期工作人员

"到加入 GS1 的当年年底，我国已有 600 多家生产企业申请注册了厂商代码，1 万余种商品印上了国际通用的条码标识。"采访中，康树国介绍，当时很多城市如北京、广州、沈阳、郑州等地也已开始计划在商店安装条码扫描设备。至此，我国商店的POS系统的建立拉开了帷幕，它标志着条码工作在我国已进入到一个新的历史阶段。

纵观20世纪80年代，我国改革开放伊始，从封闭的计划经济时代走向融入世界经济浪潮的新时代，开始参与到国际经济一体化进程中。在此期间，条码工作的艰难起步为打开外贸出口局面抢占了先机，解决了产品出口对条码的急需，促进了我国对外贸易的发展，同时也为我国商品零售业开创了一个新纪元，为我国条码自动识别产业的蓬勃发展奠定了坚实的基础。

第二节　EAN 还是 UPC

1980年8月26日，第五届全国人大常委会第15次会议决定，批准国务院提出的决定，在广东省的深圳、珠海、汕头和福建省厦门建立经济特区。这些经济特区的创建，是我国对外开放的重大举措，对吸收外资、引进技术、发展生产、推进经济体制改革起到了重大的作用，有力地推动了社会主义现代化建设。此后，对外开放的地区逐渐扩大，1984年，我国采取在沿海开放多个城市的举措来扩大对外开放。至此，我国经济发展战略形成了新格局。

就在此时，由于中国企业出口的商品没有标识条码，在对外贸易中受到诸多限制，在一定程度上已成为贸易壁垒，给出口企业和外贸发展造成极大损失。这些早期的条码工作者们更是意识到出口企业对于条码技术的迫切需求和条码技术在国内具有的广阔应用前景。

1986 年，中国标准化与信息分类编码研究所的领导和研究人员意识到，条码技术将对我国国民经济的发展发挥重要的作用，便正式立项，开始跟踪研究条码技术，包括条码的基本原理、应用领域以及在先进国家的应用状况等方面。而这一重任首先落在了国家标准局信息分类编码研究所理论室（以下简称"理论室"）的肩上。

理论室就条码技术在我国应用前景问题做了大量调研工作，先后走访了商业部、物资部、轻工业部、交通部、中国粮油食品进出口公司、包装总公司、商研所、邮电研究所等部门和单位。紧随调研其后的是一个个关于条码研究的课题被呈上了研究所的讨论会。对中国条码技术做出较早探索的团队随之诞生。

"当时，进行条码相关研究工作的有好几家单位，但我们没有停留在研究成果这个结果上，而是从一开始就将研究工作与经济社会发展紧密结合。通过调研来了解国际、国内的需求，紧紧扣住应用。"康树国介绍。

理论室的研究人员通过调查研究还了解到，国际上进行条码管理的主要是美国统一代码委员会（UCC）和国际物品编码协会（EAN）两大机构。当时，EAN 的条码已经使用非常广泛。通过分析，他们一致认为：国内要想掌握条码、推广条码，就必须与国际接轨，尤其是与 EAN 接轨。于是，争取加入 EAN 的想法在这时就已经有了。当时，EAN 主要从事商品条码的标准制定和技术推广应用工作，其会员来自各个国家或地区的编码组织，由 EAN 和各国的编码组织为全球制造商分配全球通用的厂商识别代码。我国的商品要走向世界，在我国成立相应的条码管理机构，加入国际物品编码协会，推广条码技术，为我国的商品分配国际通用的条码，迫在眉睫。有鉴于推广条码技术不仅是我国市场经济特别是外向型经济发展的需要，理论室认为应首先成立我国的物品编码中心，并以中心的名义申请加入 EAN 编码组织。

1988 年 9 月 21 日，时任国家标准局信息分类编码研究所所长的易昌惠在部署机构调整时提出，理论室应尽快着手推动"中国物品编码中心"的成立工作，并在获得批准后迅速申请加入 EAN 编码组织。

时任国家标准局副局长的李保国在《申请加入国际物品编码协会（EAN）的请示》中批示："从现在起就要就建立中国物品编码中心问题同有关部门协商，争取更多部门的理解和支持"。

同年，在国家标准局信息分类编码研究所的积极推动下，国家技术监督局会同国家科委、外交部和财政部向国务院提交了一份意义重大的请示报告——《申请加入国际物品编码协会（EAN）的请示》（以下简称《请示》）。而成立中国物品编码中心是该《请示》中的一项重要内容。

事实上，争取这几个部委同意提交该请示报告的过程非常不容易。当时，一没有专门机构，二没有专项经费，开拓者们凭借一腔热情和对条码未来发展的无限憧憬，骑自行车周转于各部委之间，多次协调，令其信服。当时，人们普遍对条码没有概念，这些早期开拓者们就苦口婆心地向相关人员做科普，讲解条码对国家经济发展、特别是外向型经济发展的重要性，并且通过调研案例指出条码是目前国家所急需的。终于，在 1988 年 12 月，经国务院批准，作为我国统一组织、协调、管理全国商品条码、物品编码、产品电子代码与标识工作专门机构的中国物品编码中心正式挂牌成立。

此时，研究所终于完成了从研究到组织、协调、管理机构的蜕变。这些为我国物品编码事业发展做出重要贡献的研究员们，则转换角色到中国物品编码中心后继续贡献力量。而理论室开展的早期研究，也已成为中国物品编码发展史上"浓墨重彩的一笔"。

这时，启动资金又成了一个新的难题。要推广条码应用，首先就要购置相关设备。但几十万元的资金在当时是一笔巨款，财政上没有这笔预算拨款。在多方协调未果的情况下，时任标准所所长的易昌惠顶着限期还款的压力向主管单位借款，还立下了"军令状"。好在，随着条码应用的顺利推广，这笔借款很快就还清了。而这一筹措资金的波折故事，也成了我国条码工作全面推广的转折点。

从中国物品编码中心成立之初，条码工作的早期规划就已经开始了。

1989年6月20日，中国物品编码中心召开了一个可以记入我国条码工作发展史册的会议。会议议定，中心将在解决加入EAN编码组织和配齐设备的前提下，争取用3年时间完成出口商品标准化试点工作；5年内实现部分商品条码化；10年内实现全部出口商品条码化；同时在邮电、图书、运输、工业生产、仓储等系统初步推广应用条码技术。

其实，当时国际上存在以美国统一代码委员会（UCC）为代表的北美地区的UPC码制，也存在以欧洲为代表的国际物品编码协会的（EAN）码制。两种码制的长度不一样，条码表现形式也有明显差距，更为重要的是，在应用的时候，某些POS机只能读取UPC条码，不能读取EAN码。在这种情况下，对于尚处于萌芽状态的中国条码事业，对于刚刚起步的国内条码技术人员来说，是存在选择的。那么，无论是理论室，还是刚成立的中国物品编码中心都选择加入EAN的原因是什么呢？

一个重要因素就是技术兼容性的考量。从技术内容来看，EAN 和 UPC 两套系统都包含了对消费单元和储运单元的编码。位数的长度是一个核心的区别，EAN 是 13 位，UPC 则是 12 位。相比较而言，EAN 的编码方式要简单一些，而 UPC 系统则存在诸如编码系统字符、消零压缩等技术内容，在一般人看来稍显复杂一些。所以，就当时的物品编码技术角度而言，13 位的 EAN 编码是可以兼容 12 位的 UPC 编码的，反过来则不可以。

另外一个必须要考虑的因素就是已有用户的规模。截至 1990 年 12 月 31 日，全世界已经有 145 000 家公司通过各国或者地区的 EAN 编码组织加入到 EAN 系统中。EAN 的会员已经遍及 50 多个国家和地区，115 000 家商店安装了条码扫描销售系统（POS 系统），实现了商品自动化管理。日本已经拥有 10 多万家使用 POS 系统的商店，处于遥遥领先的地位。法国、英国、西班牙、德国、意大利、瑞典、澳大利亚、芬兰、丹麦、挪威、奥地利、比利时、荷兰等国家也都拥有一定数量的扫描商店。相比而言，UCC 的用户仅限于北美的美国和加拿大等地。

在这种情况下，我国加入国际物品编码协会 EAN 既是必然的，也是唯一的选择。也正是这一明确的目标，让萌芽中的中国条码事业从名称到体系都有了参照物。比如，中国物品编码中心的名称，就是参照 EAN 编码组织成员的名称确定的。当时，EAN 编码组织的秘书长布内特很奇怪，还在函件里表达了这层意思——我们还没批准，怎么机构名字已经和我们的会员类似了呢？

时间回溯到中国物品编码中心成立之初的 20 世纪 80 年代末，虽然已经有了明确的规划，但当时我国尚未正式加入 EAN。

在加入 EAN 的推进工作充满紧迫感的同时，我国应用条码技术在商品流通领域也走了一些弯路。

那时候，虽然很多出口商品已采用条码标志，满足了外贸出口的急需，增强了产品的出口创汇能力；内销商品的生产企业也开始申请使用条码标志，但总的来看，商品条码的普及率还很低，影响了国内商店自动化的发展。由于对条码技术缺乏认识，有些企业虽然已经申请了厂商代码，但条码的使用还停留在商品甚至仅在外贸商品采用条码标识，在库存管理和生产过程控制方面没有充分利用条码技术。条码标识的使用和质量控制也存在一些问题，有些不符合规范的条码标识进入了流通领域，给扫描器的识读带来困难，导致出现外商退货的现象。

甚至还有些出口企业根据外商提出的要求，或直接使用了外商提供的商品条码，或者加入了别国的编码系统，一是付出的成本很高，二是影响了我国商品条码系统的建立。

当时社会上对条码的认知处在启蒙阶段，很多人甚至不知道条码的作用是什么。因此，宣传条码知识，加强条码技术培训，增强人们的条码意识，整顿我国使用条码技术的混乱局面，使条码这一新的信息技术能更好地为我国经济建设服务，已迫在眉睫。

第三节 从亮相法兰克福书展说起

从 1949 年开始，位于德国中部美茵河畔的法兰克福，每年秋季都会举办盛大的书展。至今，法兰克福书展已成为世界最大和最重要的图书贸易中心之一，是世界书业界的盛会，也被誉为"世界文化风向标"！每年会有100多个国家和地区、7 000多家出版商和书商、30多万个新品种参展。可以说，法兰克福书展是出版社、跨国公司进一步塑造企业形象的大好时机。通过介绍和展示产品，可以获得新的消费者，寻找新的发行渠道，交流与收集信息，进行市场调研，在展会中占有一席之地。因而，中国每年都派团参加这一盛事。

经过多年耕耘，法兰克福书展也已成为中国图书出版界对外输出版权的主要媒介。而我国最早采用条码标识的商品也在此亮相。

1989年的秋季，中国图书进出口总公司要到德国法兰克福参加书展，在得知这一消息后，刚成立不久的中国物品编码中心为其9类参展图书上印制了条码标识。由于当时没有制作条码的专用设备，我国自行研发的生成条码的软件就派上了用场，并借此完成了第一批标准条码标识的印制工作。

为了减少误差，工作人员必须先将条码图形放大后打印出来，然后缩小后再印制。这些条码不是直接印在书上的，而是打印之后用双面胶贴上去的。虽然制作中力求精益求精，但由于时间紧张，这一批条码没有使用胶印技术，而是使用了铅印技术，工艺相对有些粗糙。无论如何，这次亮相都是我国制作的条码第一次出现在国际市场，意义深远。

此后，随着一系列标准的出台，图书印刷的条码越来越精良，而其背后所承载的信息和意义也越来越重要。这对助力我国出版行业发展、推动出版物国际交流起到了至关重要的作用。

我国第一本印制条码的图书

1991 年，我国首次颁布《中国标准书号条码》，规定了出版物使用的条码的代码结构、条码符号技术要求和印刷位置。2001 年进行了第一次修订，2008 年 1 月，进行了第二次修订。

从实际应用角度来看，修订后的新标准规定了条码符号的标准尺寸，并具有一定放大系数。条码符号可随放大系数的变化而放大或缩小。标准同时给出了放大系数主要尺寸对照表。在实际应用中，为了满足条码用户的需求，新闻出版总署条码中心按照放大系数为 0.8 的尺寸制作条码。

同时，新标准增加了对条码符号质量参数及分级的认定，为条码质量检测工作提供了依据。

可以说，中国标准书号条码的使用，对出版业而言，除有助于图书出版、发行、经销、统计与库存控制等管理外，更便于出版物的国际交流；对图书馆等机构而言，可简化采购、征集、编目、流通、馆际互借等工作。

出版社、书商、经销商及图书馆可以依据中国标准书号条码，迅速有效地识别某书的版本及不同装帧形式，不论原书以何种文字书写，都可利用中国标准书号以电话传真或在线订购，并藉计算机操作处理，节省人力时间，提高工作效率和准确率。

2009 年，由中国担当第 61 届法兰克福书展主宾国。在此次创意主题为"让世界品味中国书香，让中国领略世界风采"的书展中，中国图书版权贸易输出达 2 417 项。而承办主宾国活动的公司，正是 20 年前第一次在图书上印制条码、带着寄托走出国门的中国图书进出口总公司。

其实，中国最早应用条码的出版业，具备了条码发展历程中的典型特征。由国际交流需求催生而来的初次尝试，引发了行业特点与条码应用的深度耦合，监管部门随后出台系列标准，最后又反过来助推行业发展……在这个过程中，条码的作用就像一条贯穿生产流通每一个环节且必不可少的引线，在行业发展中起到了重要的作用，又"深藏功与名"。

条码在出版业的应用仅仅是其助力各行各业发展中的一个缩影。如果说，在我国条码事业艰难起步的过程中，作为最早采用条码标识的商品，法兰克福书展上亮相的图书在行业的国际交流上竖起了一座里程碑；那么，我国第一家商品条码系统成员企业，则因及时申办了条码而把握住了国际贸易中的机会。

时间回到 1989 年，为了满足广大出口企业的需要，并为加入 EAN 创造必要的条件，为企业代办使用 EAN 条码和 UPC 条码的手续是我国条码事业的当务之急。1987 年成立的"北京章光毛发再生精联合总厂"，也就是"北京章光 101 科技股份有限公司"（以下简称"章光 101"）的前身，成为中国第一个商品条码系统成员，并且是第一个经中国物品编码中心办理的采用条码标识的企业。

而这一切也要从法兰克福说起。"章光 101"成立后其产品获得了国际奖项，进而得以进入海外市场。1990年4月，企业负责人在法国考察时发现，该厂生产的毛发再生产品虽然进入了国外市场，但却不能在超市销售。经过调查询问，他才发现，原因仅仅是因为该企业的产品上没有印制条码。当年5月，在法兰克福世界博览会上，其产品又因为没有使用产品条码而遭受外商冷落。

发现问题后，急于开拓国际市场的"章光101"企业负责人立即给国内同事发传真，要求企业赶快办理申请条码的相关手续。企业辗转找到中国物品编码中心后，急切地希望协商出一条解决印制条码问题的办法。

当时，中国物品编码中心刚成立不久，尚未加入国际物品编码协会。但这种情况已在预料之中，讨论后，中国物品编码中心给出最直接有效的办法——由其出面直接与国际物品编码协会EAN联系，为该厂办理条码申请手续。于是，事情很快得到妥善解决。

1990年4月25日，布内特在给中国物品编码中心发来的传真中提到"章光101"申请使用条码的事："今早接到了'章光101'申请表。当我们收到相应的费用后，将立即寄给你们EAN制造商编号（注：即厂商识别代码）和《EAN规范》。"

至此，拥有国际通行"身份"条码的"章光101"，从此走出国门，斩获了在国际市场上大显身手的先机。而北京章光毛发再生精联合总厂成为第一个中国商品条码系统成员，也是经中国物品编码中心办理的第一个采用条码标识的企业。

其实，在1991年4月我国正式加入国际物品编码协会前的一年时间里，通过中国物品编码中心的代办途径，有近百家企业拥有了商品条码。虽然这种代办方式解了燃眉之急，但并非长久之计。一个十分现实的问题摆在面前：若中国物品编码中心不加入 EAN，企业通过代办途径办理申请条码的费用将相当昂贵。

为此，中国物品编码中心也算了一笔账，据康树国回忆："在当时，如果企业通过中心代办申请条码，那么申请一个制造商号需支付 25 万比利时法郎，折合 750～800 美元；汇美元的手续费为 1%；电传费发往比利时 80 元（人民币），发往美国 90 元（人民币）；快递费发往美国的 120 美元，发 EAN130 美元。"这个账单金额十分惊人，不仅当时我国大多数企业负担不起，还会给我国外汇造成巨大损失。绝对不能依靠这种方法在我国推广条码技术再次成为共识。

在与 EAN 接触过程中，工作人员们了解到一个"潜规则"。如果某一个国家或地区有超过 20 家企业使用条码，EAN 就会给与足够的重视，并会积极推动该国（地区）编码机构加入 EAN，通过申请程序之后，EAN 就会接纳该编码机构加入到国际物品编码协会，成为该组织的会员（Member Organization，MO）。

"其实，这一规则背后的原因还要从两大国际机构之间的竞争说起。据我们了解，国际物品编码协会 EAN 成立之后，一直面临着与美国统一代码委员会 UCC 某种程度上的竞争关系，所以其一直在努力推进国际化进程，其中就包括吸纳欧洲以外的国家和地区加入国际物品编码协会。"康树国回忆。

与此同时，国际物品编码协会的考虑是非常现实的。自改革开放以来，中国经济总量逐年增加，外贸连年增长，中国如果加入国际物品编码协会，就意味着世界人口的 1/6 都纳入了国际物品编码协会的技术体系和工作体系。这对其发展来说，无疑是巨大成就和重大利好。

因而，在中国条码事业发展初期的几个里程碑式的"第一次"后，便是遍地开花似的铺展，加入 EAN 的进程也更进了一步！

第四节　加入 EAN

我国物品编码事业从无到有、从弱到强，在全国物品编码工作者的共同努力下，从最初服务我国产品出口，到服务商品流通，再到服务各行各业信息化建设和我国数字经济，一直跟随时代发展的步伐。而加入国际物品编码协会，无疑是其中浓墨重彩且具重要标志性的一笔。

虽然早在 20 世纪 80 年代中期——专门负责条码事务的中国物品编码中心尚未成立时，加入国际物品编码协会（以下简称"EAN"，后更名为"GS1"）就已列入了计划，但我国真正成功成为其一员，却是 1991 年的事了。几年间，过程极其艰难曲折，好在结局皆大欢喜。

事情还要从 1988 年说起。

1988 年 7 月 17 日，当时的国家标准局信息分类编码研究所理论室（中国物品编码中心前身）派出康树国等同志，赴天津参加 EAN 秘书长布内特出席的条码技术讲座。理论室工作人员向布内特介绍了中国标准化与信息分类编码研究所的情况，提出国家标准局信息分类编码研究所作为唯一的国家级编码机构，希望代表中国加入 EAN。同时，他们还就加入 EAN 的条件、手续和费用、成员组织的权利和义务等问题进行了咨询。布内特在这场交流中表示，如果中国在 1988 年的 8 月或 9 月之前提交申请，最快可于 1989 年 1 月获准加入。

说干就干！一切都紧锣密鼓且有序地进行着。1988 年 8 月，中国物品编码中心刚成立不久，就向国家技术监督局提交了准备与国家科委、外交部、财政部联合上报的《关于申请加入国际物品编码协会的请示》。

按说，在获得了 EAN 秘书长首肯，并已做出了充足准备的情况下，加入 EAN 并非什么困难的事。因为按照国际惯例，一个国家（地区）要想全面推广条码技术，就必须加入国际物品编码协会，以取得分配厂商识别代码的权力。通常某个国家（地区）的编码机构申请加入 EAN，只需该机构得到授权可以代表该国（地区），并有能力履行 EAN 成员组织的相关职责，且该国（地区）有推广条码技术的客观要求，EAN 就能够接纳该机构加入。

为了进一步为加入 EAN 创造条件，中国物品编码中心还积极帮助出口企业代办使用 EAN 条码和 UPC 条码的手续，希望尽快实现有 20 个以上的企业使用条码，以获得 EAN 对我国申请加入成为 EAN 成员组织的高度重视。

如前所述，代办手续的过程简单来说，就是先由 EAN 总部把企业使用条码的申请表寄至中国物品编码中心，中国物品编码中心再把企业填好的申请表及相关费用寄到 EAN 总部。之后，中国物品编码中心再把 EAN 给企业分配的制造商识别码及有关资料寄送给企业。过程烦琐不说，费用还十分昂贵，但这种做法解决了我国产品外贸出口的燃眉之急，也为加入 EAN 创造了必要的条件。

此外，原国家技术监督局带领中国物品编码中心也多次前往外交部汇报请示，并组织与布内特在北京的正式会谈，通过多次交流，以及一系列具有诚意的准备工作，布内特也表达了对我国加入 EAN 的支持。

经过多方努力，1991 年 4 月中旬，易昌惠一行参加在澳大利亚墨尔本召开的国际物品编码协会年会。4 月 19 日，经外交部批准，中国物品编码中心加入国际物品编码协会，成为正式成员组织。EAN 总部立即把"690"开头的国际通用的商品条码标识分配给中国大陆，后来随着中国物品编码事业的发展壮大，EAN 又陆续将"691"至"699"的前缀码分配给中国物品编码中心使用。

至此，我国物品编码工作正式亮相世界编码舞台，一场汹涌澎湃的拓荒篇拉开了帷幕。

本章科普窗口

▶ 我们在国外销售产品时要用国外的条码吗？前缀码代表产品原产地吗？

商品条码作为商品的"身份证"具有国际通用性，也就是说，在任何一个国家或地区的编码组织申请获得商品条码，均可以在全球范围内通用。商品条码有两种形式：UPC 码和 EAN 码。UPC 码由 12 位数字组成，EAN 码为 13 位。UPC 码的应用范围为美国和加拿大，EAN 码则应用于全球其他国家及地区。原则上，已经在一个国家或地区的编码组织申请注册了商品条码的产品，进入其他国家或地区市场流通，无须再次申请条码，除非当地法律法规要求其必须重新注册申请。

商品条码左起 2～3 位数字称为"前缀码"，它仅反映商品条码的持有者是在哪一个国家或地区编码组织申请注册的厂商识别代码，而不表示产品的原产地。例如，在国内销售的条码为"300"开头的法国红酒，不一定是在法国生产的，也有可能是国内企业受法方委托在国内生产，而其包装上的条码是由委托方（法方）从法国编码组织申请获得。

第三章

九层之台　起于累土——条码扎根华夏

第一节 市场与秩序

20 世纪 80 年代末至 90 年代初，随着市场经济的发展与外贸出口量的增长，许多企业急切需要拥有商品条码。虽然此时中国物品编码中心已经成立，但我国幅员辽阔，地域差距十分明显，尤其是在改革开放之初，企业数量众多但东西分布不均衡，南北差异巨大；加之大企业少、小企业多，而从业的工作人员数量少，导致快速落实企业的条码应用仍困难重重。在这种情况下，想要更快速、更精准地开展企业条码申请注册、应用推广等服务工作，就必须在各地建立地方工作机构。

1990 年 3 月，我国关于条码工作的第一次正式会议在深圳召开。会议达成了"试点建立分中心、不按行政层次建立，且分中心可代行中心的部分职责"的共识。会议还要求，要加快落实应用条码的企业，重点是进出口的集团企业。

从 1991 年开始，在各地建立开展条码工作的分支机构的方案开始实施。经过近 3 年的努力，以原科技情报系统为基础的全国多个分支机构得以建立；此后，覆盖全国省会城市及计划单列市的 47 个分支机构，基本形成了覆盖全国的服务网络。

分支机构的快速建立与全国条码工作机构的全面铺开，与当时我国处在有计划的商品经济体制下的政府推动密不可分，我国"集中力量办大事"的体制优越性在条码工作建设中得到了良好的诠释。

这些在各省会城市、计划单列市等设立的分支机构，被纳为中国物品编码中心设在当地的办事机构，拥有许多职能。它们负责该地区企业申请使用商品条码及管理工作，负责初审本地区商品条码注册、变更、续展和注销，负责本地区商品条码技术培训，负责条码质检站的日常检测和管理及市场抽查检测，负责提供商品条码技术咨询与服务。

很快，随着分支机构的纷纷建立并迅速壮大，物品编码相关的工作，尤其是企业申请商品条码的工作立即打开局面，铺展开来。同时，经费筹措的问题也及时得到了解决。也是在 1991 年，中国物品编码中心获得有关部门的批准，依据有关文件向使用商品条码的企业收取技术服务费。这一举措有效解决了中国条码事业发展的经费来源，为我国条码事业的迅速发展创造了必要条件。与此同时，为了对从业人员及企业进行条码知识应用培训，1991 年 10 月，在广州建立了条码培训中心。

在一系列举措的推动下，我国外贸商品印刷条码的企业逐渐增加，尤其是中国物品编码中心成立后，系统成员队伍连续多年以高于 50% 的增长幅度快速发展。为动员制造商积极采用条码，适应商品出口和建立市场经济的需要，进一步推动商品条码工作，1993 年 5 月 8 日，中国条码技术与应用协会与国内贸易部在新华社新闻发布中心联合召开新闻发布会。

发布会上，中粮公司代表回顾了使用条码的过程和条码带来的好处。百家商店倡议商品条码化，引起了强烈的反响。从一组数据就可以看出，此次会后，中国商品条码系统成员数量飞速增加：1990 年，我国仅有 57 家企业加入商品条码系统，到了 1991 年，这一数字增加到 473 家，1992

年达到 2 117 家，1993 年则达到了 3 985 家……截至 1995 年，中国商品条码系统成员数量超过 7 000 家，成员队伍已初具规模。

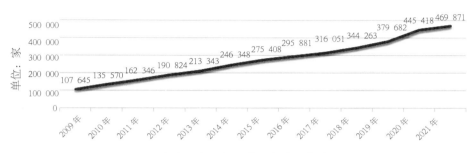

2009-2021 年我国商品条码系统成员保有量统计数据

百家商店倡议商品条码化发布会现场

　　虽然商品条码系统成员数量在增加，但新的问题也随之出现，主要表现为两个方面：一是虽然使用条码的企业数量在增加，增长速度很快，但总量仍然偏低；二是很多企业不知道如何印刷条码，即使在产品上印刷了条码，但条码的质量并不高。

　　机构建立了，相应的规章制度也要跟得上。在分支机构形成网络后，我国条码工作的重点就转向了如何在国内推广应用条码技术，在更深、更广的层面上充分发挥条码的技术优势，为国民经济和社会发展做出贡献。这时，建立覆盖全国的条码工作体系、制定相关国家标准、出台商品条码管理办法，增强工作的政策与法律依据、从源头提高条码质量等，就成为需要重点解决的关键问题。

1991 年 5 月，全国首批五项（GB/T 12905—91、GB 12904—91、GB/T 12906—91、GB/T 12907—91、GB/T 12908—91）条码国家标准发布实施，其中 GB 12904 经历了数次修订。尤其值得一提的是，《商品条码》国家标准的修订，将原标准全文强制改为部分条文强制，以便更大程度地发挥商品条码在实际应用中的作用，适应市场需求。1998 年 7 月，原国家质量技术监督局颁布《商品条码管理办法》；同年 12 月 1 日，《商品条码管理办法》正式实施。2000 年 7 月，商品条码印刷资格认定工作正式开展。

《商品条码管理办法》规范了我国的商品条码管理工作，对加快商品条码在我国国民经济各领域的应用起到了极为重要的作用。各地政府也随之出台地方政策，保证了商品条码在商品流通中的应用。

随着全球经济一体化进程的加快，国际物品编码协会推广的最先用于商业零售结算的商品条码已发展成为以零售商品条码为基础，包括非零售商品和物流单元条码等在内的全球统一标识系统，成为全球通用的商贸语言。尤其是在 2001 年我国加入世界贸易组织（WTO）以后，我国的商品条码管理工作必须与国际接轨，这时，将全球统一标识系统中的非零售商品条码和物流单元条码等纳入统一管理的范畴，是必须要做的工作。也只有这样，才能满足我国现代物流、电子政务、电子商务和对外贸易发展的新要求。

2003 年，《商品条码管理办法》的修订工作正式启动。针对当时我国条码管理工作存在的不足，结合我国加入 WTO 及信息化建设发展的需求，中国物品编码中心向各个地方条码工作机构发文征求修改意见。根据反馈意见，对《商品条码管理办法》征求意见稿进行了进一步的修改和完善，经原国家质量技术监督局法规司司务会讨论修改，最终形成了《商品条码管理办法》（草案）。历时两年多的修订工作，2005 年 5 月 30 日，国家质检总局发布了《商品条码管理办法》（国家质量监督检验检疫总局令第 76 号），自 2005 年 10 月 1 日起施行。

《商品条码管理办法》的修订与完善，对于进一步规范我国的商品条码管理工作、加快商品条码在我国国民经济各行业的应用、促进我国信息化建设和对外贸易等，具有重要的现实意义。

此后，国家质检总局法规司及条码工作机构开始组织对新修订的《商品条码管理办法》开展宣贯活动，以此扩大商品条码的应用领域，并规范生产物流、销售等环节的条码应用，加大对假冒伪造商品条码行为的打击力度，推动条码工作的快速有序发展。

与此同时，部分省区也出台了新的地方条码工作法规，如《浙江省商品条码管理办法》等，为我国商品条码工作的开展提供了法律支持，有力地促进了全国各地条码工作的开展。此外，各分支机构也抓住了这一机遇，在本地区积极开展《商品条码管理办法》的宣传和培训，着手研究解决各种商品条码应用不规范的问题，极大地促进了各地商品条码系统成员的发展。各个领域推广组还不失时机地积极开展推动工作，带动了更多的行业和领域应用商品条码，扩大了条码的应用领域，壮大了系统成员队伍，形成了多个新的增长点。

在分支机构网络逐渐形成和规章制度建立并不断完善的同时，我国的物品编码工作"全面开花"。经过 30 余年的发展，无论是商品条码系统成员数量还是商品数据量，我国都位于全球前列。目前，中国物品编码中心以及其在全国设立的 47 个分支机构，形成了覆盖全国的集编码管理、技术研发、标准制定、应用推广以及技术服务为一体的工作体系。物品编码与自动识别技术已广泛应用于零售、制造、物流、电子商务、移动商务、电子政务、医疗卫生、产品质量追溯、图书音像等国民经济和社会发展的诸多领域。全球统一标识系统是全球应用最为广泛的商务语言，商品条码是其基础和核心。截至 2020 年年底，编码中心累计向近 100 万家企业提供了商品条码服务。

而从一开始在摸索中推进条码应用工作，到立足全国，统一组织、协调、管理各类物品编码相关事务，我国物品编码事业用了 30 余年的时间，终从稚嫩走向成熟。

第二节　先有鸡，还是先有蛋

20 世纪 90 年代初，中国物品编码事业刚刚起步时，为了扩大适用范围，中国物品编码中心加大了宣传和推广的力度。与此同时，老一辈物品编码工作者主动下企业，挨家挨户说服生产企业注册使用商品条码。

虽然条码在商品流通中的作用越来越重要，但是许多厂商在没有看到直接利益之前依旧不肯轻易缴费加入全球通用的物品编码体系，尤其在改革开放初期，企业经营者的思想观念转变和对新事物的认识都需要一个过程。这其中还有一些小插曲，比如广东某知名企业，申请条码 3 个月后没有见到实际效果，就去当地编码分支机构吵闹。经过耐心劝阻，这场风波才得以平息。但意想不到的是，又过了几个月，这家企业又来到中国物品编码中心。只不过这次态度完全改观，是专程来致谢的。原来，就因为印制了条码，这家企业的产品在市场上更有竞争力，还在广交会上拿到了一笔大订单。

当时，人们对条码还感到十分陌生，对条码的作用也了解不多，让企业花钱注册使用商品条码更是困难重重。即便在北京、上海这样的大城市，商品条码的推广工作也十分艰巨，就更不用说深入祖国边疆地区了。以成立于 1992 年的新疆分中心为例，当时，新疆还没有超市，商场还是以柜台销售为主。条码注册的企业非常少，为了推广条码的应用，他们给每个人下达了任务，想尽办法找企业办理注册。沿着街道步行挨家挨户宣传条码成了每个工作人员的工作常态；如果遇到较远的企业，大家就骑着自行车或者坐公交车，向企业宣传条码在进出口、流通领域方面的作用。

一位退休的老大姐回忆，乌鲁木齐市西北路有一家非常有名的馕店，叫阿布拉的馕。为了宣传条码，她先买了几个馕，夸老板馕打得好、味道好，通过聊天，与老板拉近了关系，告诉老板办理了商品条码可以让他的馕在超市里销售，还可以卖到外地去，让更多的人买到他的馕，从而挣更多的钱。老板听了很高兴，但是一听说办理条码需要花钱，就不想办理了。这位大姐没有放弃，经常抽空去馕店和老板聊天，终于说服了老板申办商品条码。就这样，大姐在馕坑边上受理了一家注册企业。通过几年的发展，这家小馕店发展成连锁馕店，产品销往内地很多城市。

除了宣传商品条码以外，这些深入一线的工作人员还为企业"牵线搭桥"，解决企业的实际困难，提高效率。当时，有一家做油面筋的厂家每天需要和面、洗面筋、做产品，工作成本很高，当工作人员得知后，介绍其结识了一家小麦面粉厂，这家面粉厂生产的面筋粉不用洗面就可以直接做面筋产品。此举，促进了一家企业的产品销售，也为另一家企业提高了工作效率。

与此同时，条码续展业务一直是比较难推进的工作。最早业务办理均是现场受理，没有网上办理，企业不方便办理时，就由工作人员去企业现场受理业务。有一次，新疆分中心的工作人员去伊犁深山里的一家杏干生产企业，因为路不好走，坐了几天的汽车才到山里，企业缴纳 2000 元的续展费（商品条码系统维护费），竟然装了一大塑料袋，不是"毛毛票"就是"钢镚"，工作人员数钱就数了很久，最后还差 20 元汇费。企业没钱了，最终还是工作人员把钱垫上的。

像这样的情形，当时在全国各地都普遍存在。随着时间的推移，条码越来越被企业经营者们和普通百姓认识和接受，并且迅速发展起来。

显而易见，条码技术的应用与发展离不开硬件设备的支持。条码技术在各行业、领域的普及与推广，都需要条码技术设备来支撑条码技术具体应用的实现。以零售业为例，在商品上推广条码的目的，首先在于实现商店管理的自动化。也就是说，要达到商品管理的数据化和实现对外作业的自动化。而在这个过程中，POS 系统就起到了非常关键的作用。

POS 系统又称销售点管理系统，是利用先进收款机作为终端机与主计算机相连，并借助于光电识读设备为计算机录入商品信息。当带有条码符号的商品通过结算台扫描时，商品条码所表示的信息被录入到计算机，计算机从数据库中查询到该商品的名称、价格等，并经过数据处理打印出收据。

POS 系统的建立，可以采集到大量的商品信息。使零售商和批发商及时了解商店的经营情况，减少库存，降低成本，提高效益。制造商则可以从 POS 系统中获得准确的商品及市场销售信息，及时调整生产结构，提高产品的竞争力。同时，POS 系统的应用，为企业加快结算速度，减少顾客排队等候时间，为顾客提供了更加满意的服务。

当时在社会上关于条码的普及应用，还曾出现过"先有鸡，还是先有蛋？"的问题。商店由于长期以来习惯了传统的人工结账方式，对于改造自己的结算系统、使用 POS 机顾虑重重，究其原因：一是商店没有员工会使用 POS 机，二是改造结算系统会增加成本。而对于生产企业来说，由于商店普遍没有使用 POS 机做商品自动结算，因此生产企业申请使用商品条码的热情也不高，认为产品上印了商品条码市场上也不用，自己也看不到好处，花这个钱没有必要。为解决商家和厂家的双重顾虑，老一辈物品编码工作者站在企业的角度，不厌其烦地上门宣传商品条码带来的好处。

同时，为加快推动我国超市自动结算系统的建立，培育并营造国内商品条码应用环境，尽快研发出相应的应用系统与硬件设备，就成了中国物品编码中心的又一步大棋。1992 年 6 月，中国物品编码中心牵头自主研发出我国首个自动结算系统并作为我国首批 POS 系统在杭州解百正式投入使用。据此项目主要参与人——原浙江省物品编码中心条码室主任赵韵华回忆："之前我们接到任务的时候，都没见过条码的打印设备和扫描设备，也没有现成的软硬件供科研使用。整个技术从头开始研发集成，困难重重。"当看到成果得到应用并取得显著成效时，研发过程中遇到的困难

也就不算什么了。就在杭州解放路百货超市开张的那天晚上，历史定格了
中国物品编码事业开拓创新的又一个令人难忘的瞬间。当时，超市已经关
门下班了，就在营业员换装还没有走的时候，第一张报表已经出炉了。现
场营业员看到这张"神速"完成的报表时，全都目瞪口呆，对于拥有这套
第一天上岗的、操作还不熟练的 POS 系统十分喜欢，大家对研发这套系统
的科研人员不由自主地投去了钦佩的目光。赵韵华回忆，那个晚上，雀跃
的欢呼声和雷鸣般的掌声久久没有散去。

编码中心项目带头人张成海（左一）在现场进行自动销售结算系统测试

编码中心带领解百 POS 系统项目组现场测试

　　经过创业者们的不懈努力，一批商店纷纷安装使用了 POS 系统，如上
海第一食品店、成都人民商场、广州友谊商店、沈阳和平商场等。这些销

售场所的 POS 系统经过一段时间的运行后，都为企业带来了良好的经济效益和社会效益。秋林公司曾在"百家商店倡议商品条码化"新闻发布会上介绍："安装了 POS 系统后，690 专柜犹如一块磁石，吸引了全国各地带条码的名优产品争先恐后涌入商场，生产厂家咨询电话、传真频频，销售形势越来越好。"

随着越来越多的 POS 商店的建立，我国零售业态发生前所未有的重大变革，扫码结算方式得到了广泛应用。此外，当时作为试点的还有北京血站的采供血条码管理系统，在此后数十年间，条码技术在助推医疗卫生事业发展中起到了十分重要的作用。这些都为我国商品条码技术的快速发展打下了良好的基础。

条码技术用于血袋管理（来源于网络）

条码的应用技术与设备种类十分繁杂，POS 系统仅仅是条码技术设备中的一个缩影。而建立 POS 系统的作用又是承上启下的，它不但可以促进商品条码的普及，同时可以带动商业的电子数据交换（Electronic Data Interchange，EDI）。

在条码应用的初期，不少企业曾因为不知道如何正确规范地使用条码闹出了很多乌龙，常见的有以下几种：

有些企业为了省下商品条码的申请费用，采用自行编写条码，甚至是画条码的办法，看上去和正常的商品条码很类似，但这些条码是无法被机器识读的。商品条码的识读原理为：利用"条"和"空"对光线反射率的不同来计算"条"与"空"的宽度并进行译码，"条"和"空"的光线反射率的精准度直接关系着商品条码可否准确地被机器识读。所以企业要通过正规途径申请商品条码，并找到印刷厂印制条码。

有些企业为了让条码符合包装尺寸，随意截短或缩小条码，导致条码识读率降低甚至无法被机器识读，造成经济损失。正确的做法应该是：通过调整放大系数，找到与包装大小相对应的条码尺寸，再将商品条码印制或粘贴到包装上，这样的条码才可以被机器识读。

有些企业不清楚商品条码最后一位是校验位，而校验位需要通过利用前面若干位数字计算得出，所以经常发生企业自行编写校验位导致商品条码无法被机器识读。正确的做法应该是：企业需要通过校验位公式计算得出，或通过中国物品编码中心官网里的校验位计算工具得出。

随着商品条码的普及程度不断加深，对企业合规使用商品条码的培训越发增多，企业闹乌龙的情况也越来越少，商品条码的合格率越来越高，这一切都离不开我国物品编码工作者30多年来的不懈努力与辛勤付出。如今，我国物品编码工作已经取得了全球瞩目的成绩，为全球物品编码和自动识别技术的发展做出了重要贡献。可以说，这不仅仅是中国物品编码事业的成功，更是中国改革开放以来综合国力所体现出的伟大成就。

第三节　零售商超快速普及

提起 20 世纪 90 年代中期的历史大事件，绕不开的就是国企改革。

1993 年 11 月，第十四届三中全会通过《中共中央关于建立社会主义市场经济体制若干问题的决定》，为此前的国企改革进行了概括："十几年来，采取扩大国有企业经营自主权、改革经营方式等措施，增强了企业活力，为企业进入市场奠定了初步基础"，并要求"继续深化企业改革，必须解决深层次矛盾，着力进行企业制度的创新"。

经历了 20 世纪 80 年代"投石问路、试探前行"，国企改革开始向"建立现代企业制度"迈进。也是在这一时期，随着我国零售市场对外开放，超市自助购物和连锁经营模式出现在我国零售市场。而这也给国企改革浪潮中下岗的工人提供了众多再就业岗位以及创业机会。尤其是随着小型商超个体经营者的增多，商品条码在国内的应用迎来了新的机遇。

20 世纪 80 年代的商店（图片来源于网络）

如果说，商超自动结算革命促进了效率的飞跃，那么商品条码在市场流通中的普及则坚定了用户的选择。商品条码的应用使超市和连锁经营业态得到了快速发展，同时超市和连锁店的快速发展也催热了商品条码的应用。在这样的相互作用下，从 20 世纪 90 年代中期到 21 世纪初，短短几年间，商品条码的应用就以意想不到的速度实现了大跨越。

从世界范围看，超市已有 80 余年的发展历史。第二次世界大战后，特别是 20 世纪 50—60 年代，超市在世界范围内得到较快的发展。尤其是连锁超市，已经在很短时间内成为世界发达国家商品流通零售领域主要的业态形式。但在 20 世纪 90 年代以前，中国零售市场长期保持着百货商店"一统天下"的单一格局。改革开放以来，国民经济从计划经济向市场经济转变过程中，居民的收入在不断提高，消费需求在不断变化，零售市场竞争不断加剧，自动识别技术更加成熟。

20 世纪 90 年代初期，超市模式被引入我国。至 90 年代后期，大型超市、便利店、专卖店等新型零售业态得到了快速发展，成为中国零售业规模扩大的主要动力。规模的扩大会使企业的运营成本大大降低，产生规模效益。在需求的推动下，此时的零售业已经完成了效率和规模上的多次变革，自动结算无疑是最核心的技术突破。而这些技术突破中的主角就是——条码。

条码的应用在现代大型超市管理中不可或缺。无论是著名全球大型连锁超市，还是国内品牌的连锁超市，从纵向到横向，从商品的流通、供应商的选择到客户及员工的管理，都已充分使用了条码。

利用条码技术进行管理，再配合计算机及自动识别技术，不仅能够提高超市的管理效率，精简超市的行政架构，还能降低员工的工作强度及减少人力付出。反过来，清晰的货品进销存数据和商品流向等资料，对稳定超市的季节性变化至关重要；而商品资料的实时性收集更会加快超市的运作效率……超市的各项数据反馈，又助推了条码技术在超市管理应用中的精准度。

在过去的 40 多年里，国内外的连锁超市都不遗余力地推动条码的应用普及。从倡议供应商在商品上印刷条码，到现在任意一个商品上都印刷条码（不印刷条码的商品不能进入超市销售），已经成为共识。但在 20 世纪 90 年代，中国物品编码事业还处于艰难的起步阶段，商品条码的应用并没有普及。因而那时我国零售商店普遍处于人工结算的阶段，人工成本高、作业效率低。在解决产品出口条码的急需之后，适应自动结算的条码及其相应技术和设备的应用，成了被新业态催热的需求。

2001 年 3 月，全国人大九届四次会议通过了《国民经济和社会发展第十个五年计划纲要》（以下简称《纲要》）。由于我国条码应用和研究取得的成绩显著，条码工作也被列入其中。《纲要》明确指出："要加强条码和代码信息标准化基础工作。"此后，我国条码事业也进入了一个前所未有的快速发展时期。

到 21 世纪初，中国物品编码事业仅用短短十几年的光景，就走上了蓬勃发展的快车道。到 2002 年，我国使用商品条码的产品近 100 万种，应用条码技术进行销售结算的超市近万家，基本上满足了我国商品流通和信息化的需要。

随着越来越多的商品拥有了商品条码，1995 年，中国物品编码中心着手商品数据的采集工作。"我们从 1995 年就开始研究制定了数据采集的格式，到了 1998 年，我们建立起了数据库，开始由信息卡直接上网输入。"原中国物品编码中心副主任胡嘉璋回忆道。

此后，经过 20 多年的商品数据采集积累，中国物品编码中心建立起了全球最大的条码商品数据库，为各个行业的信息化数字化发展提供重要的数据支持。目前，我国条码商品数据库通过了全球认证，实现了与世界上40多个数据库之间的互联互通，开辟了我国商品数据应用的先河。为了进一步丰富和深化数据库内容，中国物品编码中心在全国建立了40多个商品源数据采集工作室，为企业提供深入、全面的数字化服务。

在过去40年里，中国物品编码事业的创业者和开拓者们在艰难探索中取得的成果令市场受益至今。现在，商业POS扫描系统遍及城乡，从根本上改变了人们的购物方式。以商品条码技术为核心的物品编码与自动识别技术体系不仅建立起来了，还取得了一批具有自主知识产权的科研成果和专利。

第四节 破解条码质量瓶颈

20世纪90年代末期，零售商业市场进一步发展，商业自动化开始在国内加速发展，城乡大小超市已不同程度地采用了POS销售系统。商品条码已逐渐成为商场超市售货结算及自动化管理的必备手段。这时，商品条码的应用，就转为同时满足出口商品标识的需求和国内销售产品标识的需求。两方面的需求叠加起来，使国内大多数商品生产制造企业纷纷加入了全球统一的商品条码标识技术体系。

在需求量大增的情况下，此时已在条码符号的生成、印刷源头上得到控制的条码质量，亦为我国推进全球化进程贡献了力量。

早在1987年，国际物品编码协会对各国的条码印刷品进行调查时，就发现条码印刷质量问题是一个国际性的普遍问题。而在整个 90 年代，条码的印刷质量问题一直是中国物品编码事业的专家和从业者们努力攻克的难题。条码质量直接影响条码的使用，达不到质量要求的条码不仅不能提高管理效率，反而会造成混乱。如果条码印刷得不合格，轻者会因识读设备拒读而影响扫描速度，降低工作效率，重者会造成输入信息错误，给生产者和经销者带来经济损失。比如 1992 年，福建某企业就因为条码印刷不合格导致其销往法国的产品被拒收，造成了非常大的损失。这并不是个例，在我国推广应用商品条码初期，有些年份的条码合格率甚至不足50%。

总的来说，条码印制技术比较复杂，其所研究的主要内容是：制片技术、印制技术和研制各类专用打码机、印刷系统以及如何按照条码标准和印制批量的大小，正确选用相应的技术设备等。这是由于条码符号中的条和空的宽度是包含着信息的，要想印制合格的条码符号，首先用计算机软件按照选择的码制、相应的标准和相关的要求生成条码样张，然后再根据条码印制的载体介质、数量选择最合适的印制技术和设备。因此在条码符号的印刷过程中，对诸如反射率、对比度以及条空边缘的粗糙度均有严格的要求。所以必须选择适当的印刷技术和设备，只有这样才能保证印制出符合规则的条码。

条码符号打印设备的发展历程可追溯到 1974 年。Intermec 公司当年推出的 Plessey 条码打印机是行业中第一台 demand 接触式打印机；1980年，Sato 公司第一台热转印打印机 5323 型问世，其最初也是为零售业打印 UPC 码设计的。随着应用的发展，超市大规模出现，条码打印技术满足不了应用的需求，开始出现印刷方式的符号制作技术，即先将条码印刷在商品外包装上，进入超市之后，收银员再通过扫描条码完成价格的结算。此外，为满足某些场合无法预先印制条码的需求，又出现了条码符号现场打印设备。

我国条码印制设备虽然起步相对较晚，但发展速度很快。1989年5月，中国物品编码中心开发完成我国第一套激光打印机制作条码符号的生成软件，解决了国内条码符号打印的问题。此后，相关设备不断更新迭代，不断适应时代的需求。

早期，为满足大规模印刷制版的需要，编码机构绕过西方的技术封锁，高价购置了满足高精度要求的条码胶片激光绘制设备，由于没有配套齐备的硬件，条码胶片的研制颇费了一番功夫。编码中心的技术人员克服了硬件不足、经验不足的不利条件，土法上马，利用照相馆中常用的曝光箱制作条码胶片负片，用国产半自动的冲洗设备完成胶片显定影及干燥，制作出胶片后，还要复检成功才能将胶片交付企业使用，彻底解决了大批量在包装上印刷条码符号的问题。

早期的条码胶片制作仪器

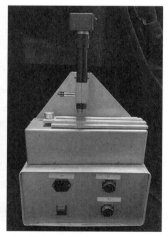
早期的条码胶片检测仪

早期的条码胶片实例

检测结果

检测设备名称	C42A
检测设备软件版本号	V3.06
分析方法	分级检测法(ANSI)
分析数据来源	10 次平均数据：\Data_zhong2013006601\...
光源(反射)	670nm
测量孔径	06 (6 mil)
检测日期	2013.11.15
检测时间	14:54:58
符号类型	EAN-13条码
标识数据译码	6 9 2 ※ ※ ※ 8 5 3 4 8 8 2
校验位译码值	2
校验位计算值	2........一致
模块宽度Z(μm)	345.3
放大系数	1.05
最高反射率	48%
最低反射率	2%
左侧空白区(μm)	≥3799 ....通过
右侧空白区(μm)	≥2418 ....通过
标准译码	4 ....A
可译码度	0.41.......C
符号反差	46% C
反射率比	0.03.......A
最小边缘反差	31% ....A
调制比	0.68.......B
缺陷度	0.08.......A
扫描反射率曲线等级:	1.9/06/670
预设的通过等级:	1.5
判定:	通过

[附表]

n:	可译码度	符号反差	反射率比	最小边缘反差	调制比	缺陷度	模块宽度	放大系数	曲线等级
1:	0.43	46%	0.03	32%	0.69	0.08	345.3	1.05	C
2:	0.35	47%	0.03	30%	0.64	0.06	345.4	1.05	C
3:	0.39	47%	0.03	31%	0.65	0.06	345.1	1.05	C
4:	0.46	46%	0.03	31%	0.68	0.09	345.3	1.05	C
5:	0.40	45%	0.04	32%	0.70	0.07	345.4	1.05	C
6:	0.40	46%	0.04	32%	0.69	0.07	345.4	1.05	C
7:	0.44	46%	0.03	31%	0.68	0.09	345.3	1.05	C
8:	0.40	45%	0.03	31%	0.70	0.07	345.3	1.05	C
9:	0.41	46%	0.03	32%	0.68	0.07	345.4	1.05	C
10:	0.46	46%	0.04	32%	0.69	0.08	345.4	1.05	C

条码检测报告（完整报告含检验员签字）

　　为了尽快建立起适应自动结算的条码应用体系，让相应技术和设备得到更好的普及，并解决条码的质量问题，1994 年 9 月，中国物品编码中心组织部分分中心负责人到美国统一代码委员会（UCC）学习考察。考察中，这些中国物品编码事业的早期开拓者们提出了一系列问题，其中就包括 UCC 如何控制商品条码的质量，以及 UCC 的组织机构如何管理会员。

关于条码质量问题，时任 UCC 主席 Jucket 表示，一个办法是用专门的仪器检验，另一个办法是通过实际扫描检验，但最终还是靠后者。实际扫描没问题就可以通过，如果扫描没有通过，就要用专门的仪器进行检验，以查清问题所在。

大家了解到，美国的物品编码工作也同样被条码的质量问题所困扰。当地一家生产香水等化妆品的大公司，就曾因商品条码的印刷出现问题，向印刷厂索赔 400 万美元。"条码质量要靠各环节把关，要动员大家都重视起来。"考察团达成一致意见，回国投入工作，严把条码应用技术质量关。

为了保证条码的质量，经过充分的学习和筹备，中国物品编码中心于 1997 年组建了国家条码质检中心及各地条码质检站，形成了全国条码质量检测服务队伍，为生产企业、零售企业等提供条码质量检测服务，提高了条码质量，促进了物品编码与自动识别技术的健康发展。

到 2000 年，我国商品条码的印制质量已经比以往有了大幅提高。但通过调研分析，仍发现了一些问题。

综观当时商品条码使用状况，条码印制品质量问题主要反映在如下表所示的几个方面。

条码质量存在问题及解决方案

存在问题	解决方案
商品项目编码错误	这将导致一个商品有好几个条码，几个不同的商品又在使用同一个条码，需要尤其注意
印刷位置不适宜	依据 GB/T 14257—2002《商品条码符号位置》的要求，既要方便扫描识读操作，又要确保在生产和储运过程中商品条码符号不被污染、磨损、变形、遮盖等
左、右两侧空白区尺寸不够	GB 12904—2003《商品条码》对条码符号的左、右侧空白区最小尺寸都做了规定，这些尺寸对条码符号的正确识读有着非常重要的作用
印刷对比度（PCS）低	条码符号的光学特性也是其能否被扫描设备正确识读的又一关键指标
随意截短条高	由于商品可容纳的条码印刷面积小，所以有的生产厂家就对条码符号任意截短，这将影响识读速度，而这一现象在市场调查和监督检查中都不同程度地存在

如何从源头上控制条码质量，降低超市中不可识读条码的比例，督促承印厂家印制符合国家标准要求的条码，已成为当时编码工作的重要内容。做好印刷资格认定工作，加强对印刷企业的管理、指导、服务与监督，对于提高我国条码质量可取得事半功倍的效果。

为了保证商品条码的印刷质量，规范商品条码的印刷资格认定，加快商品条码技术在生产和流通领域的应用，推动商业 POS 系统的应用，促进商业自动化、信息化的发展，2000 年 7 月 29 日我国颁发了《商品条码印刷资格认定工作实施办法》。

从历史角度来看，在"放管服"之前的一段特殊时期里，《商品条码印刷资格认定工作实施办法》为提升我国商品条码印刷水平、从源头监管质量问题做出了重要贡献。《商品条码印刷资格认定工作实施办法》规范了商品条码印刷流程，规定了印刷企业在印刷商品条码的各个环节中应该参照的国家标准及有关要求。

这项工作也得到了印刷企业的普遍认同。通过培训，大大提高了企业的条码印刷水平，增强了认定印刷企业的市场竞争力，也给企业带来了显著的经济效益。同时，这项工作也将印刷企业顺利地纳入了我国条码工作的管理体系，使中国物品编码中心及分支机构的工作领域得到了有效的拓展，加快了 GS1 全球统一标识系统向印刷业及通过印刷企业向我国各领域推广应用的进程。

可以说，在条码符号印刷这一关键环节普及条码质量控制的有关标准、技术和方法，对提高我国条码印刷质量的作用十分显著。破局条码质量问题，也在某种程度上为中国融入经济全球化排除了一些障碍。

在解决了条码符号的印制问题后，确保条码符号在整个供应链上能够被正确识读，成了对条码质量进行有效控制的手段，而条码检测则是实现此目的的一个有效工具。

条码检测的目标是核查条码符号是否能起到其应有的作用。在这个过程中，它的主要任务为：使得符号印制者对产品进行检查，以便根据检查的结果调整和控制生产过程；预测条码的扫描识读性能。

最初并没有专门的条码检测设备，条码质量的评定是采用通用设备来完成的。这种评定方式源于条码是由深色条和浅色空组合起来的图形符号，由此将条码的质量参数分为两类：一类是条码的尺寸参数，另一类则为条码符号的反射率参数。两种参数在条码技术规范中都做了详细的规定，对条码符号的这两种参数采用通用的反射率测量仪器及测长显微镜进行测量。这种检测方法所有的测量都是非自动化的，由于条码的条、空太多，测量和根据条、空判定被测条码条空编码是否正确非常麻烦，另外，人为因素也严重影响了测量的精度和重复性。因此，可以说它是条码检测技术发展的初级阶段。

1978 年，Symbol 公司推出的 Lasercheck 2701，这是世界上第一台注册专利的条码检测仪。此后，随着条码检测设备的不断发展，专用设备最终脱颖而出。

条码检测仪一般分为便携式和固定式两类。条码检测专用设备的出现使得条码检测的效率大大提高，符号经过条码检测仪扫描后，马上就可以得到检验结果，性能全面的检测仪还能打印出列有详细质量参数值的质量检测结果，这就使得印刷企业能够根据检验结果调整印刷设备，充分发挥印刷设备的潜能，以提高条码符号印制质量。

在条码的检测设备不断迭代的同时，条码的检测方法也在不断发展。自 20 世纪 70—90 年代末条码技术在商业领域中广泛应用以来，国际上一直使用通过测量条码的条、空反射率以及印刷对比度（Print Contrast Signal，PCS 值）、尺寸误差的传统方法进行检验。这种检测方法具有技术成熟、使用广泛、直观方便等优点。

但是，经过长期的实践，人们发现基于条码符号技术规范基础上的检验方法，在应用中存在如下表所示的缺陷和不足。

条码检验存在问题及原因

应用场景	存在问题	具体表现及原因
评价一个条码符号时	阈值单一	单一的判定与多种识读设备和识读环境之间存在不一致的情况，也就是说有些被传统方法判定为不合格的条码，却能够被正确识读
条码的质量判定	不全面	由于条码符号在高度方向存在信息的冗余，基于一个位置的一次扫描得出的数据不能够全面反映条码符号整体的质量
对商品条码或128码等	条的尺寸意义不大	因为这些条码的译码主要是根据相似边的尺寸来进行的，条的整体增宽或减小对相似边的尺寸没有影响
对条码的反射率要求	存在疏漏	如它没有规定仪器的光孔直径，导致不同仪器测出不同的结果，由此而产生了许多条码质量判定方面的商业纠纷

上述因素导致了该种方法检测的结果和扫描识读性能不能完全保持一致，并由此导致顾客退货的现象增多。为此，20 世纪 80 年代后，人们开始设法对条码的检验方法进行改进。从事条码技术和应用行业的专家对各种类型的条码识读系统进行了大量的识读测试，最后制定出了一个评价条码符号综合质量等级的方法，即"反射率曲线分析方法"，也简称"条码综合质量等级法"。该方法能够更好地反映条码符号在识读过程中的性能，并能够克服传统方法所产生的缺陷。

1990 年，美国首先用"反射率曲线分析方法"评价条码质量，并制定了相应的美国国家标准 ANSI X3.183—1990《条码印制质量指南》，综合分级方法根据对条码进行扫描所得出的"扫描反射率曲线"，分析条码的各个质量参数，并按实际识读的要求综合评定条码的质量和分级。随着条码技术的发展，条码综合质量等级法得到了较为广泛的应用。欧洲标准化委员会（CEN）1997 年批准的欧洲标准 EN 1635—1997《条码检测规范》、2000 年国际标准化组织和国际电工委员会批准的标准 ISO／IEC 15416-2000《条码印制质量检测规范》中都采用了条码综合质量等级法。

　　有鉴于此，2003 年中国物品编码中心修订了国家标准 GB12904《商品条码》，该标准在技术上也采用了条码综合质量等级的评价方法。2001 年，中国物品编码中心起草的国家标准《商品条码符号印制质量的检验》，作为国家标准 GB12904《商品条码》的配套检验标准，亦按其规定的技术要求设置检测项目，并确定对商品条码符号质量的判定方法。2008 年《商品条码符号印制质量的检验》修订后，还将传统的条／空反射率、印刷对比度和条／空尺寸偏差的检测方法列为参考方法，并规定了其适用范围，以适应目前我国仍广泛采用传统检验方法的情况。

　　国际上已开始研究与条码质量相关的其他标准，如条码制版软件技术规范，条码检测仪器测试规范，条码识读设备性能测试规范等。主要的几种条码符号如 39 码、GS1-128 条码等，在其符号标准中也纷纷采用综合分级检验的质量分析和评价方法。

　　除了印刷与检测外，条码的识读技术也发挥着举足轻重的作用。从国内来看，我国物品编码工作一直致力于与国际接轨。虽然在自动识别技术应用上要比国际上晚了 20 年，但随着我国经济、信息化的快速发展，特别是经过这些年的拼搏与积累，中国条码自动识别技术的总体实力已经迎头赶上，包括激光枪、CCD 扫描器、光笔与卡槽、全向扫描平台、数据采集器和便携式数据采集器在内的各种识读设备不断迭代，并逐渐成为不同时期、不同应用场合的条码识读主要设备，支撑了各行业领域的条码应用不断向纵深发展。

　　随着应用场景的不断拓展，条码印制也不仅局限在常见的纸质及塑料材质上，条码更多的印制形态也应运而生。例如，隐形条码能达到既不破坏包装装潢整体效果，也不影响条码特性的目的，同样隐形条码隐形以后，一般制假者难以仿制，其防伪效果很好，并且在印刷时不存在套色问题。荧光条码利用特殊的荧光墨汁将条码印刷成隐形条码。在紫外光(200~400nm)照射下，能发出可见光的特种油墨，甚至还可使该荧光墨汁具有一定的时效性，过期自然消失，从而省去因要撕掉条码标签而产生的工作量。激光条码将激光和计算机技术有机地结合在一起，它是通过激光直接在物体表面瞬间气化而成，无须借助任何辅助工具即可肉眼分辨，便于消费者识别。英国超市首先在水果上使用这种"纹身条码"，这项技术使用激光和有色液体直接在水果表面刻上图像和文本，但并不会破坏水果内部，甚至在西红柿这样柔软的水果上也可使用。

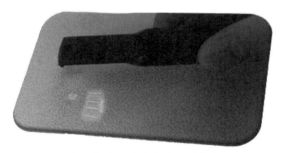

隐形条码（图片来源于网络）

在商品信息越来越重要的今天，条码质量是确保商品信息通畅的重要保障，有了破解条码的质量瓶颈，条码所承载的物的信息才能顺畅地流入浩瀚的供应链信息海洋中。

本章科普窗口

▶ 条码本身包含价格及其他商品信息吗？

商品条码是一组由规则排列的条、空及其对应代码组成的条码符号，本身具有唯一性、稳定性和无含义性的特点，它不表达任何商品信息（店内码例外，可表示商品价格信息）。但是，通过在商品条码中添加应用标识符（AI），可对商品进行额外信息描述，如生产日期、重量、单价等。例如：通过添加表示生产日期的应用标识符（11），即可以下列形式将生产日期添加进商品条码中：（11）20211116。但大多数情况，我们看到超市 pos 机或者其他扫描软件扫描条码后显示出商品信息，其实是因为在数据库中录入了与商品条码相关联的产品信息，而商品条码作为查找这些信息的关键字，通过 POS 机或者扫描软件而实现在数据库中快速、准确的识别并提取相关信息，从而完成快速结算、自动盘点等任务。

第四章

星星之火　可以燎原——条码新千年

第一节　从 GS1 系统到商品条码标准体系

在营销界流传着一句话："一流的企业做标准，二流的企业做品牌，三流的企业做产品。"标准作为从科学技术向现实生产力转化的重要桥梁，是现代化大生产的必要条件，同时也是科学管理的基础及扩大市场的必要手段。

20 世纪末 21 世纪初，国际上条码技术应用已经从零售端成功拓展到包括生产制造、仓储配送、批发直至零售的产品供应链全过程的物流跟踪与追溯管理。随着 2005 年 EAN 与 UCC 两大编码组织机构合并后更名为"GS1"，一套在全球开放流通环境下适用的系统科学的编码标识与数据共享系统——GS1 系统正式宣告诞生。这对世界各国的市场主体都是一个绝好的消息，对建设全球绿色供应链不可或缺。

所谓 GS1 的含义包括 4 个"G"和 4 个"S"，即 Global Standards 全球标准、Global System 全球系统、Global Service 全球服务、Global Solutions 全球解决方案，GS1 系统被称为"全球统一标识系统"，旨在提高供应链运作效率，降低企业供应链运作成本，被誉为"全球商务语言"(Global Business Language)。GS1 系统是国际物品编码协会(GS1)应全球供应链发展之需，组织全球供应链利益相关方共同参与制定而成。该系统是以贸易项目、物流单元、位置、资产、服务关系、文件、组件／部件、型号等的编码为核心，的集条码、射频等自动数据采集，以及电子数据交换（EDI）、全球产品分类（Global Product Classification，GPC）、全球数据同步（Global Data Synchronization，GDS）、产品电子代码信息系统（Electronic Product Code Information System，EPCIS）等数据共享技术为一体的、服务于供应链的开放性标准体系，已经广泛地应用于全球商业流通、供应链管理以及电子商务过程。GS1 系统从供应链信息的标识层、采集层和交换层为供应链信息系统的建设和应用提供了完整的标准化解决方案。

GS1 系统

编码体系是整个 GS1 系统的核心，是对流通领域中所有的产品与服务（包括贸易项目、物流单元、资产、位置和服务关系等）的身份标识及附加属性进行编码。

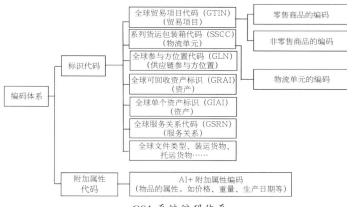

GS1 系统编码体系

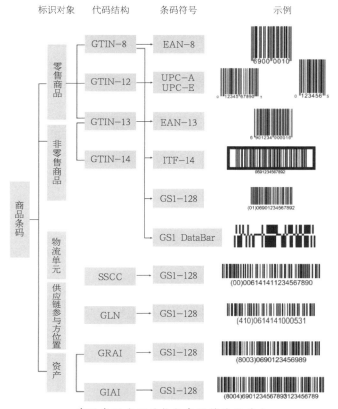

商品条码代码结构与条码符号的对应

其中，全球贸易项目代码（Global Trade Item Number，GTIN）是编码系统中应用最广泛的标识代码。贸易项目是指一项产品或服务。GTIN 是为全球贸易项目提供唯一标识的一种代码（称代码结构）；GTIN 有四种不同的编码结构：GTIN-14、GTIN-13、GTIN-12 和 GTIN-8；这四种结构可以对不同包装形态的商品进行唯一编码。它一般采用 EAN-13 及 ITF-14 条码符号表示。[①]

GTIN-14 代码结构	包装指示符	包装内含项目的 GTIN（不含校验码）	校验码
	N_1	$N_2 N_3 N_4 N_5 N_6 N_7 N_8 N_9 N_{10} N_{11} N_{12} N_{13}$	N_{14}

GTIN-13 代码结构	厂商识别代码　　商品项目代码	校验码
	$N_1 N_2 N_3 N_4 N_5 N_6 N_7 N_8 N_9 N_{10} N_{11} N_{12}$	N_{13}

GTIN-12 代码结构	厂商识别代码　商品项目代码	校验码
	$N_1 N_2 N_3 N_4 N_5 N_6 N_7 N_8 N_9 N_{10} N_{11}$	N_{12}

GTIN-8 代码结构	厂商识别代码　商品项目代码	校验码
	$N_1 N_2 N_3 N_4 N_5 N_6 N_7$	N_8

GTIN 四种代码结构

GTIN-13（EAN-13 条码的编码结构）和 GTIN-14 的区别，简单来说，GTIN-13 通常是对零售结算的商品的编码，用于标识特定品种和规格的商品，包括较大体积的商品的外包装箱，如洗衣机、冰箱等。GTIN-13 还可作为内含多个零售商品且用于零售结算的外包装箱的编码，在这种情况下，外包装箱上的编码及对应条码应与内装商品的编码和条码有所区别。而 GTIN-14 常采用 ITF-14 条码（也称"箱码"）为数据载体来表

① 条码符号见第一章第四节。

示；箱码只作为物流管理使用，一般不作为零售结算使用。

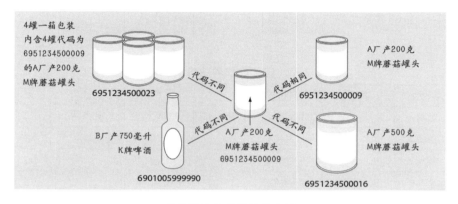

零售商品编码标识的示例

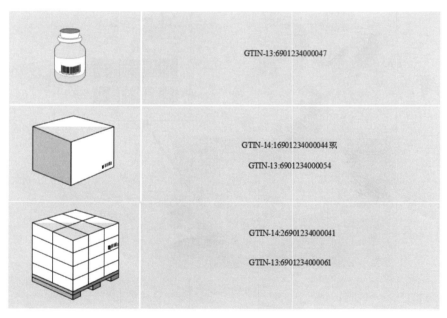

不同包装等级的商品的编码方案

系列货运包装箱代码（Serial Shipping Container Code，SSCC）是为物流单元（运输／储藏）提供唯一标识的代码，具有全球唯一性。物流单元标识代码由扩展位、厂商识别代码、系列号和校验码四部分组成，是 18 位的数字代码它一般采用 GS1-128 条码符号表示。

SSCC 代码结构

结构种类	扩展位	厂家识别代码	系列号	校验码
结构一	N_1	$N_2N_3N_4N_5N_6N_7N_8$	$N_9N_{10}N_{11}N_{12}N_{13}N_{14}N_{15}N_{16}N_{17}$	N_{18}
结构二	N_1	$N_2N_3N_4N_5N_6N_7N_8N_9$	$N_{10}N_{11}N_{12}N_{13}N_{14}N_{15}N_{16}N_{17}$	N_{18}
结构三	N_1	$N_2N_3N_4N_5N_6N_7N_8N_9N_{10}$	$N_{11}N_{12}N_{13}N_{14}N_{15}N_{16}N_{17}$	N_{18}
结构四	N_1	$N_2N_3N_4N_5N_6N_7N_8N_9N_{10}N_{11}$	$N_{12}N_{13}N_{14}N_{15}N_{16}N_{17}$	N_{18}

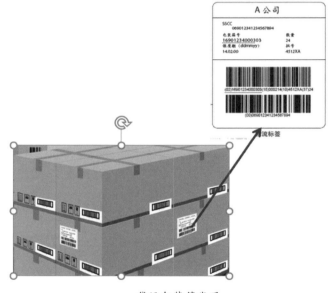

货运包装箱代码

全球参与方位置码（Global Location Number，GLN）是对参与供应链等活动的法律实体、功能实体和物理实体进行唯一标识的代码。参与方位置代码由厂商识别代码、位置参考代码和校验码组成，用 13 位数字表示。

GLN 代码结构

结构种类	厂商识别代码	位置参考代码	校验码
结构一	$N_1N_2N_3N_4N_5N_6N_7$	$N_8N_9N_{10}N_{11}N_{12}$	N_{13}
结构二	$N_1N_2N_3N_4N_5N_6N_7N_8$	$N_9N_{10}N_{11}N_{12}$	N_{13}
结构三	$N_1N_2N_3N_4N_5N_6N_7N_8N_9$	$N_{10}N_{11}N_{12}$	N_{13}

对于企业来讲，获得全球唯一的厂商识别代码（简称 GCP）后，即可在 GCP 的基础分配商品条码 GTIN、GLN、SSCC 等编码，不仅节约了编码容量，实现了企业商品及物流编码的有效管理，而且有助于提升供应链的整体效率，并且降低了运营成本。

在实际商业应用中，除了标识商品本身外，还需要表达商品的某些附加信息，如生产日期、保质期、重量、单价等。为了便于数据的自动处理，可以采用应用标识符（Application Identifier，AI），即在商品条码数据之前，加上表示该数据含义的代码 AI，来对该商品进行额外的信息描述，比如说明该商品多重，有多少个，保质期是多少，等等。

常用应用标识符

应用标识符（AI）	数据含义	格式		备注
11	生产日期	年　月　日		6 位数字表示
13	包装日期			
15	保质期	$N_1N_2N_3N_4N_5N_6$		
17	有效期			
30	总量（包装内）	总量		最长 8 位数字
		$N_1\cdots\cdots N_8$		
10	批号	批号		数字和 / 或字母表示，长度可变，最长 20 位
		$X_1\cdots\cdots X_{20}$		
21	系列号	系列号		数字和 / 或字母表示，长度可变，最长 20 位
		$X_1\cdots\cdots X_{20}$		

例如，某商品的有效期是到 2005 年 1 月 1 日，用自然语言表述为
"此商品的有效期是 2005 年 1 月 1 日"，但是要是用条码来表示，就可以
用两位数 17 来表示有效期后，后面跟着 YYMMDD，即 050101，就写成
（17）050101。

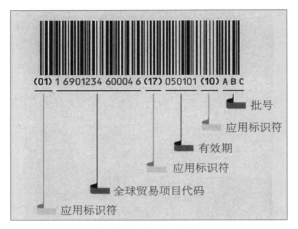

应用标识符使用案例

通过采用应用标识符，可以有效地对商品特定信息进行描述，这既拓
展了条码信息编码容量，在实际应用中又提高了商品在供应链流转中的信
息采集效率，从而提高商品运转效率。当然，应用标识符只能对特定的标
准化的产品附加信息进行表示，对于更加复杂、特殊的商品信息，仍需要
在信息系统中进行单独的数据采集。人们也可以通过掌握常见的应用标识
符，对条码标签上的具体描述含义进行快速人工识别。

GS1 系统克服了厂商、组织使用自身编码系统或部分特殊编码系统的
专用局限性，可大大提高贸易的效率和对客户的反应能力。同时，还可提
供货物和商品的附加信息，如保质期、系列号和批号，这些信息都可以用

条码的形式来表示。虽然目前其数据载体是条码，但 EPCglobal 开发的射频标签也可以作为 GS1 数据的载体。需要注意的是，改变数据的载体只有经过广泛的磋商才能实现，而这需要一个很长的过渡期。

我国从 1991 年加入国际物品编码协会开始，就正式迈出了融入 GS1 体系的步伐。全国物流信息管理标准化技术委员会（SAC/TC267）和全国物品编码标准化技术委员会（SAC/TC287）先后成立，秘书处均设在中国物品编码中心。全国物流信息管理标准化技术委员会主要负责物流信息基础、物流信息系统、物流信息安全、物流信息管理、物流信息应用等领域的标准化工作，其宗旨是：向国内企业引进世界最新的现代物流管理运作理念，推广现代物流管理新技术与成功的物流管理经验；协调、制定并推广相应的标准。全国物品编码标准化技术委员会成立于 2006 年，主要负责商品、产品、服务、资产、物资等物品的分类编码、标识编码、属性编码、物品品种编码及单件物品编码的国家标准制修订工作；全国物品编码的管理与服务及物品编码相关载体技术等方面的国家标准制修订工作。

为指导我国物流行业信息标准制修订工作，加强物流信息标准化的宏观决策和管理，便于有计划、有步骤、有目的地开展物流信息标准化工作，系统地推进我国物流信息标准化工作，中国物流信息管理标准化技术委员会牵头组织制定的《物流标准 2005 年 -2010 年发展规划》中，首次提出了物流信息标准体系框架，确立了建立以"物流信息技术、物流信息管理、物流信息服务"为主体结构的国家物流信息标准体系。经过多年的发展，我国的物流信息标准体系不断完善，形成了基础通用标准、物流信息技术标准、物流信息管理与服务标准及物流信息应用标准四个部分。

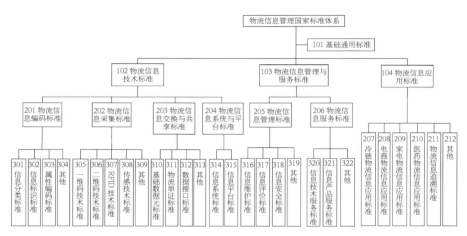

我国物流信息管理国家标准体系

目前在贸易流通中应用较多的 GB 12904-2008《商品条码　零售商品编码与条码表示》、GB/T 16830-2008《商品条码　储运包装商品编码与条码表示》、GB/T 18127-2009《商品条码　物流单元编码与条码表示》、GB/T 16828-2007《商品条码　参与方位置编码与条码表示》、GB/T 16986-2009《商品条码　应用标识符》、GB/T 33993-2017《商品二维码》等均在此体系当中。

GB 12904《商品条码 零售商品编码与条码表示》
我国商品条码标准体系的核心标准之一。

此外，为了推进全国物品编码标准化工作，促进我国信息化建设，加强我国物品编码标准的统一归口管理，完善我国物品编码标准体系建设，全国物品编码标准化技术委员会（TC287）编制《国家物品编码标准体系表》。

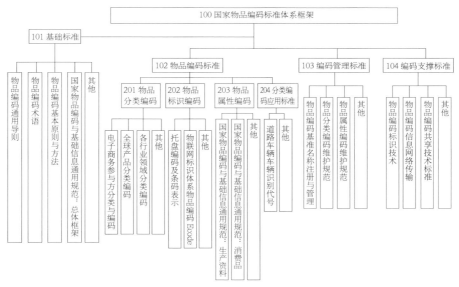

我国物品编码标准体系框架

物品编码标准体系由基础标准、物品编码标准、编码管理标准和编码支撑标准四个部分组成。基础标准是规范物品编码标准实施全过程通用的、基础性的标准，包括物品编码通用导则、术语、物品编码技术与方法等。物品编码标准是物品编码标准体系的核心，包括物品分类编码标准、物品标识编码标准和物品属性编码标准等，编码管理标准是支撑物品编码能够被正确赋码、更新以及维护的管理类标

《物联网标识体系　物品编码 Ecode》

我国首次提出的、自主可控的物联网编码国家标准。

信息来源	全国电线电缆质量管理与分析平台
批次Ecode	20128998529562838955813382 2087700
产品Ecode	20128998529562838955813382 2087700
产品名称	架空绝缘电缆
产品型号	JKLYJ-10
额定电压	10kV
产品规格	1*240
产品数量	30
执行标准	GB/T 14049-2008
属性说明	/
监管类别	
证书编号	
生产日期	2021-03-12

金杯电缆在国家物联网标识管理与公共服务平台上进行追溯

通过扫描许可证上的二维码，可以识别商品信息。

准。它包括物品编码系统的维护、物品基础编码的维护以及物品应用编码所需的维护管理；编码支撑标准是支撑物品编码在信息化应用中的技术标准，包括使"物"集成的物品编码标识标准和在信息网络中的传输标准等。GB/T 31866-2015《物联网标识体系 物品编码Ecode》、GB/T 21049-2007《汉信码》、GB/T 18347-2001《128条码》等均在此体系中。

通过建立国家物流信息标准体系及国家物品编码标准体系，不仅确立了各信息化管理系统间物品编码的科学、有机联系，实现对全国物品编码的统一管理和维护，同时对新建的物品编码系统提供了指导，实现了商品流通与公共服务等现有物品编码系统的兼容，保证各行业、各领域物品编码系统彼此协同，形成了统一的、通用的标准，保证了贸易、流通等的高效运转。

可以说，在国家标准化管理委

员会的统一领导下，经过编码标准化与科研工作者的多年奋斗，我国条码标准化工作已经成功实现了由单纯的等效采用国际编码标识标准，到研制开发生产流通领域电子数据交换和共享标准，进而自主研发能够高效表示汉字的新型二维码码制（汉信码）和适合我国国情的物联网标识体系（Ecode）的华丽转身，并且最终形成了一套更加开放的、能够兼容 GS1 系统的、具有中国特色的商品条码标准体系。

2021 年 10 月，国务院发布的《国家标准化发展纲要》指出，要重点加强食品冷链、现代物流、电子商务、物品编码等领域标准化。物品编码作为我国标准化体系的重要组成部分，始终以推进经济社会高质量发展为要务，不断促进国内与国际间合作，以标准研制促进技术发展，以科技创新提升标准水平。物品编码标准的制定与应用，大大推进了商品条码在我国食品追溯、医疗卫生、服装、化工、建材等领域应用的广度深度，助力我国自动识别技术产业的跨越式发展。

第二节　条码知识走进高等学府

21 世纪初，我国社会经济发展水平迈上新台阶，新的企业经营管理理念以及网络信息技术不断涌入国门，人民群众对先进理念与先进技术的渴求溢于言表。这其中，如何利用先进技术，提升物流供应链管理效率，降低企业运营成本，成了企业和学术界关注的一个焦点问题。

彼时，已在国外物流供应链领域广泛应用的条码自动识别技术，在我国也已经开始渗透进食品饮料、日用品、服装、音像、医药、建材等诸多领域的供应链各环节中。社会经济及产业的发展带来了对专业化人才的渴求，我国急需培养出一大批懂知识、会技能的条码专业人才。但在当时我国条码自动识别技术人才极度匮乏，全国没有一所高校开设此类专业或专门课程。不少高校老师开始尝试在课堂上讲授条码知识，但很快，他们就发现了几个难以解决的问题。一是关于条码技术，国内没有一本系统性的教材可供高校使用；二是教师自身对于这项技术的了解也不够系统全面，开展教学工作更是困难。2003 年，原国家质检总局启动"中国条码推进工程"，提出要"建立中国条码培训中心，加大条码技术的教育和培训力度，在 10 所高等院校内开设条码技术课程，建立条码技术应用实验室，为条码技术的推广应用打下人才基础"。系统性、全国性的条码人才培养工作就此拉开帷幕。

要想解决高校的课程开设工作，首先要做好教师的培养工作。2003年，中国物品编码中心举办了首期条码师资培训班，最初高校条码人才培养工作也是围绕开办条码师资培训班和编著条码技术与应用教材进行的，

2003 年首期全国高校"条码技术与应用"教师培训班合影

这些举措直接解决了条码师资不足与没有权威性专业教材的问题。与此同时，北京青年政治学院、华南理工大学、大连交通大学、南京晓庄学院、上海海事大学、中南财经政法大学、西南财经大学、天津交通职业学院、郑州铁路职业技术学院等 9 所高校建设了条码自动识别技术实验室。

《条码技术与应用》教材

　　2003 年，中国物品编码中心组织编写出版了《条码技术与应用》教材。2010年，编码中心与北京工商大学、南京晓庄学院、郑州铁路职业技术学院、天津交通职业学院等合作将教材改版为《条码技术与应用》本科分册与高职高专分册。2018年，根据条码技术的发展与高校教材的需求，对《条码技术与应用》本科分册与高职高专分册再次进行了修订，以适应行业的发展和课程教学的需要。

郑州铁路职业技术学院的条码自动识别技术实验室一角

在有关政府部门、编码中心以及广大条码技术应用企业的大力支持和倡导下，通过当时正在承担教育部物流和电子商务骨干教师培训工作的21世纪中国电子商务网校及有关教育培训机构的组织，众多高校踊跃投身到高校条码人才培养事业中，积极推动高校条码师资培养，并陆续在校开设本科或高职高专层次的相关条码课程。从2003—2020年，全国共有近700所高校的千名高校教师参加了条码课程的培训，近25万名高校学生参加了条码课程的学习。

2007年起，全国大学生条码自动识别知识竞赛每年如期举办。竞赛面向全国所有大学生，进一步激发了大学生学习条码自动识别技术的兴趣。2007—2020年，竞赛连续举办了14届，全国有近15万名学生参加了竞赛。从2011年开始，每年推出一个热门主题进行条码自动识别知识巡讲，为高校师生系统性讲解理论与实践相结合的条码自动识别技术知识，如2021年举办了"GS1在冷链物流信息系统中的应用"主题巡讲，持续激发大学生的学习热情。2019年以来，物品编码系列知识讲座又走进清华大学、西安交通大学等高校研究生的课堂。通过"产学研"创新人才联合培

学生参加全国大学生条码自动识别知识竞赛实操环节现场

养机制，大大提升了学生在物品编码标准化领域的实践能力、科研能力和理论水平。至今，国内已有众多高校开设了条码相关专业课或选修课，并踊跃参加全国大学生条码自动识别知识竞赛，掀起了全国高校积极学习条码知识的热潮。

多年来，华中师范大学、内蒙古农业大学、西安外事学院、西安欧亚学院、南京晓庄学院、湖南现代物流职业技术学院、贵州轻工职业技术学院等一大批院校积极参加条码人才培养，多次获得竞赛奖项。广西职业技术学院通过条码自动识别人才培养工作获得教育部物流管理与工程类专业教学指导委员会的教学成果奖；湖南现代物流职业技术学院主持的"条码技术与应用"课程被认定为湖南省精品在线开放课程，选课人数近1万人；西安外事学院在多年教学实践中形成的"赛学用模式下的条码技术与应用课程教学改革探索"成果荣获陕西省教学成果二等奖，后该课程又被评为陕西省一流课程。高校条码人才培养为条码技术研发、推广与应用储备了生力军，为我国自动识别技术产业的可持续发展以及标准化知识普及教育打下雄厚的人才基础。

在高校接受过条码专业培训的众多高校毕业生，已走向社会并日渐成为国内各地区编码标准化工作的中坚力量。这些有专业条码知识的大学生利用所学知识，为其所工作的企业带去了物品编码技术与标准化理念和创新思维，帮助企业有效提升供应链运行效率，对企业节能增效、提高信息化水平起到了重要作用。

中国连锁经营协会有关负责人指出："高校条码人才培养工作为我国供应链各环节尤其是零售业的可持续发展，提供了强有力的人才支持，为我国顺利实现中国制造2025提供了人才保障。"

　　条码相关课程在高校的推广普及，对众多莘莘学子的职业规划产生了深刻的影响，不少高校毕业生由此对条码与标准化产生了浓厚兴趣，就业时特意选择了条码相关工作，有的毕业后还自己创办条码系统及设备研发公司。一位物流行业从业者说："大学期间，我系统地学习了条码技术与应用课程。如今，我能够将所学的条码知识熟练地应用到日常工作业务中，对我的工作带来了巨大的帮助。"

　　烟台欣和企业食品有限公司负责人表示："目前，大量的国内企业急需熟练掌握物品编码和条码自动识别技术的专业人才，帮助企业实现产品质量安全追溯，提高运营管理与物流效率，满足政府监管要求，作为我国商品条码系统成员企业，我们衷心希望有越来越多的物品编码技术领域标准化人才。"

　　欧莱雅亚太区供应链负责人介绍，欧莱雅亚太运营中心在信息化发展过程中，对熟谙国际物品编码标准化人才有着迫切需求，非常欢迎既懂条码技术、又有实践能力的有识之士进入欧莱雅工作。他表示："编码中心在高校开展 GS1 国际标准的教育培训，为企业提高信息化水平，优化供应链生态系统，实现商品的有效标识、存储、识别等奠定了坚实的人才基础。我们希望在与中国物品编码中心共同努力之下，能为企业培养和输出更多优秀的编码人才。"

　　近年来，德国、巴西等国也非常重视高校的条码知识普及工作，GS1 德国、GS1 巴西等编码组织积极在本国高校宣传推广条码技术及 GS1 全球标准。正如国际物品编码协会主席兼首席执行官米盖尔·洛佩拉所说："我相信，条码人才培养将有利于学生为他们所服务的企业在提升运作效率，降低供应链运营成本方面发挥重要作用，也有利于中国物品编码中心保持可持续发展。这展现了中国物品编码中心领导层实施标准化人才战略的坚定决心和卓越才能，其他国家编码组织可以借鉴中国经验。"他同时指出："未来，我将竭力提供 GS1 在线教育及国际专家等资源以进一步支持中国开展高校条码人才培养工作。"

条码知识走进高等学府，满足了广大学生对条码自动识别技术知识的渴求，培育了专业化、标准化的高校条码人才。伴随高校专业课程设置，标准化教育成为通识教育，标准化意识逐步深入校园、走入社区，形成了"象牙塔"内外都关注条码、使用条码的良好社会氛围。

第三节　从服装精细化管理到衣联网

服装行业是我国国民经济的重要组成部分。我们通常把人们的生活归结于"衣食住行"，服装是第一位的，它与人们的生产生活密切相关，是经济和社会发展水平的重要体现。随着我国经济的快速发展和人民生活水平的不断提高，我国服装行业也得到了快速的发展。

虽然我国服装行业商品条码应用已有一定程度的发展，但是与部分国家相比，其深度和广度还不够强，规范程度不高，仍存在一些问题。例如，服装企业对商品条码的整个编码体系认识不够，导致商品条码的许多重要功能"养在深闺人未识"。少数企业商品条码使用不规范，很多服装类企业并未使用商品条码，而是采取使用内部码，更多的服装企业缺乏使用商品条码的积极性。这些问题阻碍了商品条码技术在我国服装行业的广泛应用，影响了服装企业产品管理的信息化进程，降低了服装供应链管理效率，给企业拓宽销售渠道、增加销售额、提高经济效益带来了一定困难。

尤其是 2001 年我国加入世贸组织以来，发达国家商业管理的自动化水平和仓储物流的信息化、标准化水平的提高，也对我国服装产品标识的标准化、国际化提出了更为严格的要求，甚至一度产生了信息技术贸易壁垒。

面对挑战，尽快提高我国服装行业的信息化水平、在我国服装行业大力推广商品条码应用刻不容缓。此时，随着我国服装产品出口的快速增长，在企业寻求改进方案的主体能动性基础上，在国家相关机构、行业部门的共同助力下，我国服装企业的信息化程度也不断提高。此后，商品条码、RFID 等自动识别技术在服装行业的深入应用，有效增强了企业对新市场的适应和管理能力、减轻了企业的转型压力、降低了企业的管理成本、提高了企业的生产效率。

我国很多服装企业在应用商品条码进行销售管理、生产管理、仓储物流管理以及财务管理等方面进行了有益的探索，并取得了较大的成功，积累了不少宝贵的经验。据南方一家以生产销售品牌内衣为主的服装企业负责人介绍，该企业在使用商品条码后，不仅提高了商品的结算速度和准确度，实现了高效的销售管理，还降低了商品流通成本，大大增加了企业效益。依托商品条码，实现了公司总部与全国各专卖店联网，对全国的零售终端进行实时查询，及时收集产品销售信息，并依据消费者的喜好和需求对产品的研发进程进行调整。企业还在信息管理系统中使用条码技术进行数据采集，及时调整生产计划，避免存货积压或脱销的损失。

那么，这一方小小的商品条码是如何在品类繁杂的服装领域发挥作用的呢？服装产品又是如何实现在全球拥有唯一、稳定的编码的呢？这就要从行业和产品本身的特殊性说起。

事实上，商品条码在服装行业的发展，经历了十分漫长的历史过程。早在 20 世纪中叶，美国服装业就开展了商品条码的应用与研究。根据美国服装协会 1988 年的统计，美国服装行业每年损失 250 亿美元，基本都是来自生产企业，一个重要原因是服装制造业和零售业间的信息脱节、梗塞，使客户买不到自己满意的服装而离开商店。为了减少损失，共享信息资源，服装制造商 Seminole 公司、面料生产商 Milliken 公司与著名零售企业 Wal-Mart 公司合作建立了供应链快速反应系统（Quick Response，简称 QR 系统），其中商品条码与物流单元条码被列为重要的信息处理技术。此外，大型服装企业 Palm Beach 公司也在所有服装产品上采用 UPC 商品条码标识，建立了条码订单处理系统，保证了订单处理的准确性、及时性。这使得该公司在 1988 年不增加人员的情况下，订货量上升了 27%，年发货量提高了 17%，为公司带来了巨大的效益。在政府大力提倡和指导下，一个新的理念——精细销售和精细制造（按需求销售与制造）以及供应链管理在美国蓬勃发展。由于采用了信息技术对供应链管理全过程的控制，零售业和服装制造业因此降低了成本。同时，这种精细销售和精细制造以及供应链过程控制和管理影响了各行各业，从而大大降低了运输成本和物流成本。除了美国以外，欧洲各国、日本、韩国以及东南亚的服装企业也在服装产品上积极应用商品条码，并取得了明显的经济效益。

从行业来看，服装行业与其他行业有明显的不同。其产品时效性更强，对外界环境依存度很高。比如：2020 年流行的款式、颜色等，到了 2021

年就会发生较大的改变，因此服装产品通常不能有过多的库存，必须根据快速变化的客户需求调整生产。因此，服装制造业必须和服装的零售业建立良好的信息反馈系统，尽快提高产品标识、物流标识、供应链管理等方面的标准化、信息化、自动化水平。

从商品本身来看，服装产品也与其他产品不同。它是一种比较特殊的产品，其主要特点是品种、款式、颜色、面料、品牌等属性分类繁多、变化快。服装企业在产品销售、生产、仓储物流管理等各环节中，必须对产品的各种属性信息进行标识与表述。

其实，在广泛使用商品条码之前，对于服装产品的各种属性信息，服装企业经常会根据企业内部对产品的描述习惯或销售、配送等管理的需要，赋予它一个在企业内部唯一的编号及对应的条码，很多企业称其为"货号"，该"货号"一般是分段、有含义的编码，即每一段都有其特定含义。但是这些编码不具有通用性，而且结构复杂，离开了本服装企业便不再有效。随着经济全球化的发展和企业间信息共享程度的提高，人们逐渐意识到应该给每一款服装产品赋予一个通用的商品条码，而编码技术和数据库技术的发展正为此提供了技术保证。这个通用的商品条码具有全球统一性，在产品的整个生命周期中始终不变，并且可以用符合国际标准的条码符号进行标识，实现自动识别。

这时便能明显看到全球通用的商品条码的优越性了。在服装标签上单独采用商品条码标识具体的服装产品，结合计算机、数据库管理技术，能够满足服装企业生产、销售、仓储物流、财务等管理需要。

为了使服装商品条码在满足超市结算需要的同时，又能满足企业内部产品信息管理的需要，服装企业在编制商品条码标识商品时应当遵守唯一性的原则。价格相同的同品种服装产品，只要款式、规格、颜色等特征属性有一项不同，一般就要采用不同的商品条码。这种做法给具体的每一款服装产品都赋予一个全球唯一的编码，相当于具体的一款服装产品的"身份证号码"。

采用商品条码标识服装产品，使服装的标识简单、统一，可以克服企业内部产品编码存在的编码结构复杂、混乱、随意性大的不足，为电子购物、网上购物带来极大的方便，也便于企业内部对产品进行有效的标识。在实际应用中，很多企业采用商品条码与企业内部编码同时使用，即通过将服装商品条码号与"货号"进行一一对应，可以满足服装进入供应链各环节的标识，又可以有效实现企业内部的统计与管理。

服装标签上采用商品条码与企业内部码并用

标签上部的条码为流通领域通用的 EAN-13 商码，下部的条码为用于企业内部应用的内部码。

服装企业的内部码一般采用 39 码、128 码、交插 25 码等非 GS1 系统的条码符号来表示，并且以内部编码作为识别商品的依据。与商品条码的无含义编码不同，服装产品内部编码一般是有含义的，每一位或几位对应一类特定信息，如品牌、品种、款式、颜色、销售地等，既有描述性属性，也有动态信息。其实这并不影响企业使用商品条码，只要将企业内部产品编码进一步完善和规范，再加上全球通用的商品条码，就能构建一套既满足市场销售需求又满足企业内部管理需要的服装产品编码与条码标签。

服装产品销售过程中，有时还需要在标签上标识一些动态信息如生产日期、批号（或序列号）、订单号、生产场所、销售区域等，在包装箱上还可能需要标识内装数量等信息。这些信息属于服装产品的附加信息。以商品条码为基础的 GS1 系统所包含的应用标识符，完全能够准确、科学地标识这些信息，并采用 GS1 系统专用的 GS1-128 码（即 UCC/EAN-128 条码）来表示。

在我国，零售服装商品条码一般采用 EAN-13 码符号来表示。服装企业在为服装产品编制商品条码时，按照国际通用技术规范与国家标准要求，和其他商品一样，也应当遵循唯一性、无含义性和稳定性三原则，尤其是"唯一性"原则最重要。

总体上，商品条码 GTIN 分配的"唯一性"原则可以简单概况为：只要满足以下三个中的任意一个原则，就需要变更 GTIN。一是消费者或贸易伙伴是否愿意区分新旧产品或已经改变的产品与原产品是否有较大不同；二是是否符合相关法律的规定；三是对于供应链是否有实质性影响

（例如，对产品运输、存储或收货的影响）。在商业 POS 自动结算系统中和服装企业商品管理信息系统中，不同的商品是靠不同的商品条码来区别的。假如把两种不同的商品用同一商品条码来标识，违反唯一性原则，会导致商品管理信息系统的混乱，给销售商、消费者和服装企业带来经济损失。

当然，编码遵循的"唯一性"是相对的，不是绝对的。如果一款新品中还有各种细小的差别（例如纽扣的颜色、形状不同），而服装企业不需要考虑这种细小的差别对销售、配送是否带来影响，编制商品条码时就可以对这些细小的差别不予考虑，对存在细小差别的服装产品赋予相同的商品条码。有时，对产品管理比较简单的服装企业来说，可能不需要统计同一小类产品的局部款式、规格、颜色的差别对产品的销售、配送是否有影响，则可以将仅在这些方面存在差别的产品认为是一款产品，赋予相同的商品条码。不过，商品条码分配得越"笼统"，可以得到的服装产品属性信息也就越少，所以不同的企业应根据自己的商品管理需要并考虑消费者的消费倾向而确定产品的"相同"或"不同"，从而决定商品条码的"相同"或"不同"。

对于服装生产企业来说，需要注意的是，基本特征属性完全相同，但因在不同地区销售而售价不同的两批服装产品，不应分配不同的商品条码。例如，完全相同的衬衫，在一个城市售价为 100 元，而同时在另一个城市售价为 80 元，但它们在出厂时应赋予相同的商品条码。而企业对于产品价格的管理则可以采用内部码与价格信息相关联等手段实现。

企业编制服装商品条码时一般采取无含义编码，而且通常采用流水号编码，也就是"有一款新品编一个商品条码"。一款服装产品被赋予一个商品条码后，如果产品本身没有变化，就不能改变其商品条码。即使售价发生变化，也只能改变销售管理信息系统的产品价格，而不能改变商品条码。但是，当产品的新品取代了原产品，以及产品的轻微变化对销售的影响比较明显且企业需要考虑这种影响时，就需要改变商品条码了。

2016 年，为了提高我国服装行业的标准化意识，提升服装企业对商品条码的规范性应用，由中国物品编码中心牵头编制的 GB/T 33256-2016《服装商品条码标签应用规范》国家标准发布。该标准规定了服装商品的编码、条码表示、条码标签的设计等技术要求，适用于服装、服装配饰的商品条码标签设计以及服装在流通领域的数据采集与信息交换。

商品条码	服装企业产品内部编码	描述
6901234567885	(91)2301WT13175082A	灰白色 175 男式针织内衣
6901234567878	(91)2301WT13180088A	灰白色 180 男式针织内衣
6901234567861	(91)2301WT13185096A	灰白色 185 男式针织内衣

注：某服装企业产品内部编码的构成示例见表 B.1。

服装条码标签设计图

2018 年 8 月，编码中心与中国服装协会、海尔洗衣机有限公司联合成立了中国服装物联生态联盟。联盟力图构建一个以服装产业为主导的物联生态平台，以消费者体验为中心，以服装物联网为抓手，在无线射频识别等自动识别技术、大数据、云计算的支撑下，通过制定推广统一物联标准，推动跨产业模式创新，将服装行业在设计、生产、仓储物流、用户等不同环节进行智能互联，从而实现服装企业与消费者个性化需求之间的交互与连接，促进服装产业智能化发展，实现"科技物联、协同创新、产业推动、合作共赢"。

中国服装物联生态联盟成立

2018 年 12 月，国家标准 GB/T　37026-2018《服装商品编码与射频识别（RFID）标签规范》正式发布，并于 2019 年 7 月正式实施。物联网时代，服装产业的关键词是"融合"，从服装生产、销售到穿搭、洗护、储存等全产业链服务商，共同面临跨界协同的大趋势，亟待实现整体服务升级。该标准对写入 RFID 标签的衣服材质、颜色、款式等信息的编码进行了统一，加速实现供应链各环节数字身份统一，驱动服装产业服务升级。通过统一标识后，服装成衣可以被洗衣机、试衣镜等智能终端无障碍识别，今后通过服装物联网的构建，服装大数据也将进一步赋能智慧家庭新业态。

如今，上万家服装鞋帽企业的数十万种产品采用了 GS1 全球统一编码进行产品管理。一批具有较强实力的品牌服装企业，如李宁、雅戈尔、创思、俊鹏等均采用商品条码对其产品进行规范的条码标识，在销售、生产、仓储物流等环节采用商品条码进行商品信息管理，并且取得了显著的效果，全国各地任何一个销售点每销售一件产品都能及时反馈到总部。有些服装企业为了满足产品出口的需要，按照外商的要求在包装箱、物流单元等环节也采用了商品条码。

GS1 标准已成为联通贯穿服装行业信息流的桥梁，是推动智慧家庭解决方案落地、引领智慧物联生活新潮流的助推器。可以预见，未来，包括商品条码、二维码、RFID 射频识别等在内的自动识别技术，将逐渐成为串联服装行业信息互联互通的重要依托，为实现供应链数据对接、实时人机信息交互以及构建服装物联生态发挥更加重要的作用。

第四节 条码与产品追溯

随着人民群众生活水平的提高，全社会对食品安全越发重视，政府、企业与消费者共同锁定"菜篮子"的"最初一公里"，逐渐建立起了以条码技术为核心，从生产基地到物流配送，再到终端消费的全链条追溯体系。以广东顺德为例，当地的食品生产企业通过国家食品（产品）安全追溯平台，利用商品"条码＋批次"的形式，将预包装食品从原料进厂查验、生产管控、出厂检验、销售去向等实现全过程（全链条）数字化管控。消费者可利用手机扫码查询信息，企业和政府监管部门对问题产品可实施精准召回和靶向监管。

而政府、企业和消费者多方参与、合力推进的安全追溯，究竟是如何追溯，并能实现什么样的追溯呢？

其实，企业可根据行业监管要求、企业管理需求、消费者偏好等因素来选取并实现不同颗粒度的产品品类追溯、批次追溯和单品追溯，而这就需要企业选择不同的追溯编码方案来实现有效追溯。

例如在商超中随处可见的洗发露、沐浴露等日用品，因为产品本身对消费者或用户身体健康等方面的影响很小，且产品成本和生产利润较低，对于此类产品，一般直接使用零售商品条码（采用 GTIN-13 码结构）来实现品类追溯即可。

对于对消费者或用户身体健康等方面有一定程度影响，或消费者有特殊消费倾向的产品，可采用批次追溯的方式，如某家农业合作社，其出产的 1 000g 的盒装车厘子，消费者较为关心车厘子的产地、口感等，合作社可以选取使用二维码或 GS1-128 码等载体形式，代码结构为"GTIN+批次号"的追溯方式，实现批次追溯。

对于对消费者或用户的身体健康可能产生潜在的较大危害，或消费者对单个产品的品质和使用存在特定偏好的产品，可采用单品追溯的方式，如某家医疗器械生产企业生产了一批植入性医疗器械产品，因为企业和病人对此类产品的追溯要求较高，这种情况下就要求企业须对其产品实现单品追溯，企业可采用二维码或 GS1-128 码等载体形式，代码结构为"GTIN+ 批次号 + 产品序列号"／"GTIN+ 产品序列号"，对医疗器械实现单品追溯。

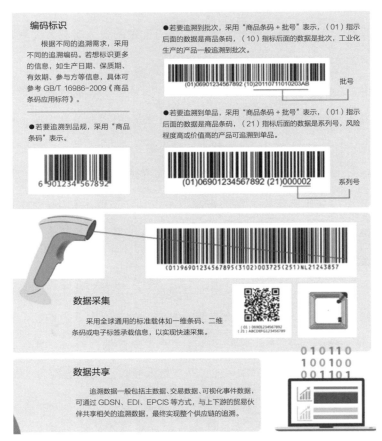

不同追溯需求的编码方案

GS1追溯编码方案

针对不同颗粒度的追溯方案

追溯颗粒度	商品条码	批号	序列号	追溯编码标识示例
品类追溯	✓			
批次追溯	✓	✓		
单品追溯	✓		✓	

根据颗粒度的追溯方案

早在 2003 年，伴随着"中国条码推进工程"的正式启动，食品安全溯源就被确定为推进工程中的重点开发领域，从政策上得到重视和支持。当时，1997 年欧洲爆发疯牛病所造成的恐慌还没有消散，而此后的口蹄疫、禽流感、苏丹红 1 号等重大食品安全事件不断爆发和流行，食品安全问题已成为社会的热点话题。2004 年 7 月，国务院常务会议指出，食品安全关系到广大人民群众的身体健康和生命安全，关系到经济健康发展和社会稳定，关系到政府和国家的形象。2004 年 9 月，国务院关于进一步加强食品安全工作的决定中指出，要"建立统一规范的农产品质量安全标准体系，建立农产品质量安全例行监测制度和农产品质量安全追溯制度"。而在此时，中国物品编码中心开展的食品安全追溯体系研究，正契合社会和经济发展的重要需求。其制定了系列食品安全追溯应用指南，建立了基于 GS1 全球统一标识系统的食品安全追溯技术体系框架。最早的应用试点和推广工作涵盖肉禽类、蔬菜水果及地方特色食品等，取得了良好的经济效益和社会效益。

2003 年，云南启动的"无公害养殖及肉制品 EAN·UCC 射频管理系统"项目，建立了我国第一个大规模生猪养殖射频识别管理系统和肉制品产品追溯系统的应用示范基地，通过射频耳标对每头生猪的养殖过程进行科学化管理。

2004 年，山东实施了"蔬菜安全可追溯性信息系统的研究及应用示范"和"GS1 在深加工食品安全监管追溯中的应用"两大项目，在山东几家蔬菜、食品公司试点运行，并进入多家超市建立了追溯终端系统，消费者可实时准确查阅产品的包装、仓储、运输、销售等整个生产周期的信息。这在 21 世纪初算是一项新奇又便捷的服务，收到良好的社会反响。

2007 年，四川"茶叶制品质量安全信息追溯示范系统"项目在国内建立了首例采用 GS1 可追溯性标识的茶叶制品示范系统，为企业的产品质量管理提供了技术手段，不仅有利于政府对茶叶产品的监督管理，还为消费者查询茶叶产品质量安全信息提供便利。

同年，天津启动"GS1 系统在中药材种植产地溯源中的应用"项目。该项目在国内首次应用位置码建立药源产地位置标识，拓宽了位置码的应用领域，为条码技术的应用推广提供了广阔空间。与此同时，其不仅满足了企业希望通过各环节信息的追溯找到问题根源，从而确定召回范围、防范再次发生的需求，还通过对影响中药药效物质基础的研究，逐步实现种植精细化管理，优化环境因素，改进种植方式，摒弃有害成分，使中药的有效成分达到稳定值和最优值。

此外，北京和陕西等多地通过"条码推进工程"建立了牛肉产品的追溯试点；江西建立了基于 EAN·UCC 系统（现称为"GS1 系统"）的"脐橙农产品质量跟踪与追溯系统"……

这些试点的建立与应用，都让我国食品安全追溯工作积累了经验，取得了成果。在这个过程中，条码技术的重要性也得到了充分的展现。

条码技术是如何在食品安全溯源工作中发挥作用的呢？我们可以通过一个较为典型的案例来解说。案例的主角就是新疆和田皮亚曼甜石榴，它生长在干旱、缺水、光照充足、原生态的沙漠边缘中，具有 2 000 多年的栽培历史。特殊的环境孕育了皮亚曼甜石榴独特的品质，汁多、味甜富含氨基酸、维生素等元素，它也因此拥有"中华名果"的美誉。但皮亚曼甜石榴在使用条码技术以前，始终摆脱不了"地摊货"的身份，售价不高，市场销售面窄。当地果农为了摆脱这种困境，选择了以 GS1 系统特别是条码技术为基础，建立了皮亚曼甜石榴质量安全追溯体系，从生产地到销售地的每一个环节建立生产、经营记录档案登记制度，以便记录生产者、地域环境、农业投入品的使用、田间管理、加工、包装等信息，并使供应链各个环节的信息标识实现无缝衔接。

印有 GS1 条码的皮亚曼甜石榴

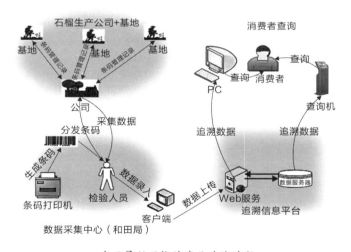

皮亚曼甜石榴的产品追溯过程

　　该体系采用 GS1 系统的编码体系和条码标识技术，将皮亚曼甜石榴的生长、检验、包装、储藏及零售等供应链环节的管理对象进行标识，并相互链接。一旦皮亚曼甜石榴出现质量安全问题，可以通过这些标识进行溯源，准确地查出问题出现环节，可追溯到皮亚曼甜石榴生产的源头。

事实上，新疆自 2007 年起就已开展追溯工作，除了石榴外，其哈密瓜、葡萄、核桃、大芸、红枣、昌吉天域蜜甜瓜、伽师瓜等，也被纳入了新疆食品质量安全信息追溯平台。《新疆食品质量安全追溯平台》和《新疆特色果蔬安全追溯体系及平台建设》通过新疆维吾尔自治区经信委和自治区科技厅课题验收，并获得自治区质量技术监督局科技成果二等奖。

在具体的方案实施过程中，还是以石榴为例，工作人员给每一个实施追溯的零售石榴包装分配一个全球唯一的标识代码（GTIN）。除 GTIN 外，还需要通过 GS1 系统的应用标符将产品的属性信息，例如产品的生产日期、系列号等信息表示出来。采用 GS1-128 码表示 GTIN 及属性信息的代码。

（01）96941234500011（13）090920（21）00000001
GS1-128 码标签示例

其中，代码的前 14 位（96941234500011）为 GTIN。GTIN 中的数字"69412345"是由中国物品编码中心分配给产品生产企业的厂商识别代码；厂商识别代码后面的"0001"是获得厂商识别代码的产品生产企业为产品分配的产品品种代码（商品项目代码）；商品项目代码后面的"1"是校验位；（01）、（13）、（21）为应用标识符；（01）指示后面的数据为全球贸易项目代码 GTIN，（13）指示后面的数据为此产品的包装日期（条码打印日期，打印完的条码须当日粘贴在产品包装上），而图中的"090920"则表示包装日期为 2009 年 9 月 20 日；（21）指示后面的数据为农产品的序列号，在本方案中由 8 位数字组成。

在和田使用了皮亚曼甜石榴质量安全追溯体系后，当地石榴种植区面积 3 万多亩，石榴树真正成了农民的"摇钱树"，石榴产业成为当地经济的支柱产业。以农田为"车间"的标准化种植，以品牌为旗帜，以质量追溯为市场通行证的石榴种植业模式已显雏形，皮亚曼的石榴生产经营走向了工业化的发展之路。

在"条码推进工程"实施后，这样的例子比比皆是。自21世纪初起，我国在果蔬、肉类、水产品、加工食品等领域开展了大量追溯调研，并建立了100多个产品质量安全追溯应用示范，涵盖肉禽、蔬菜水果、加工食品、水产品、医疗产品及地方特色食品等，消费者能够见到的商品几乎都被"加码"。

但仍有一些行业的商品没有建立可追溯系统，仍有一些因素制约着食品安全追溯体系的建设，给消费者"舌尖上的安全"带来隐患。食品链条环节多、跨度长、细节多，做到全程统一监管、全面监管非常困难。从我国的追溯实践来看，企业生产环节进行了诸多有益的追溯尝试，但流通环节追溯是薄弱环节，产品进入代理商、经销商环节就很难追溯，因此食品流通领域的追溯体系建设刻不容缓。追溯链条的建立，也是追溯链中各参与方法律责任主体的确认，明确不同环节的主体责任，一旦问题产生，便于辨明责任主体，弄清问题源头。

近年来，国家多部委出台了相应政策法规文件，加快推进追溯体系建设，对追溯体系建设提出了相应的要求，这标志着现阶段乃至未来国家对追溯工作的重视。2018年年底修订的《食品安全法》更是明确了"国家建立食品全程追溯机制"，也明确指出了建立食品追溯体系是食品生产经营者的义务。

要实现食品安全追溯体系建设，就必须通过采用基于全球统一编码与追溯标准的商品条码技术，将食品的生产、加工、储藏、运输及零售等供应链各环节进行标识，并相互关联，可获取各个环节的数据信息。一旦食品出现安全问题，可通过这些标识代码进行追溯，能够快速缩小发生安全问题的食品范围，准确查出食品问题出现的环节所在，直至追溯到食品生产的源头，从而确保产品下架和召回的高效性、准确性。

而深圳在这方面的试点应用，提供了很好的借鉴。据了解，自 2014 年以来，深圳市就建立了食品安全追溯信用管理系统，以商品条码为抓手，以大型商场超市为主渠道，实现企业资料管理、食品信息及资质管理、从生产到销售的追溯链条管理、食品和企业风险评价等，并实现 22 万多种预包装食品种类"从生产到销售"食品追溯，厘清各方追溯责任。

深圳的食品安全追溯体系的建设包括食品安全追溯信用管理系统建设、追溯标准建设、数据采集、应用推广、风险评价、大数据分析、食品追溯体系认证、智慧监管可视化展示等内容，实现企业身份在线查验，明确追溯链条中企业的责任关系。系统不仅要将企业追溯链条主体客体的数据收集起来，还要对其加以深入应用。以食品追溯系统中的企业、产品追溯信

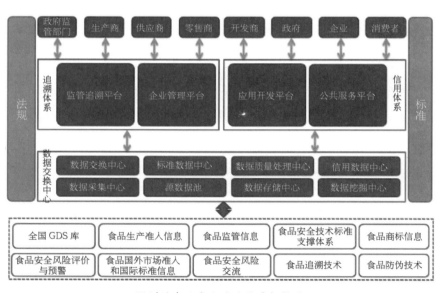

深圳的食品安全追溯体系架构图

息为基础，结合政府监督抽查数据，建立科学的风险评价模型，实现深圳市预包装食品和供应商风险评价，为消费者、供应商和商超提供食品风险信息和风险预警。风险评价模型的建立，为企业和监管人员提供高效客观的参考依据，并有利于监管部门明确监督抽查目标。

此外，其配套的"食品安全追溯 APP"以商品条码为入口，通过扫码实时查询食品追溯信息，实现食品从厂家到售卖商超的全过程追溯信息展示，清晰显示食品来源、授权链条，可以查看食品生产、流通中涉及的证照、资质。同时，可查看商品基本信息、监督抽检信息、风险评分等。

产品参数	
商品条码：	6917878045481
商品名称：	雀巢咖啡1+2奶香30x15g
品牌：	雀巢
净含量/规格：	450g
保质期：	480
储存：	常温2-30度

营养成分表：
每一例 - 能量（含量：284kj/NVR%:3%），蛋白质（含量：0.6kj/NVR%:1%），脂肪（含量：2.6g/NVR%:4%），碳水化合物（含量：104g/NVR%:3%），钠（含量 71mg/

深圳"食品安全追溯 APP"展示

可以说，坚持企业主导内部追溯，政府监管外部追溯，内、外部追溯相结合的理念，是追溯体系建设的亮点。而在食品安全追溯体系建设中使用国际通用的 GS1 系统，实现产品全流程系列化的编码标识，是以节约成本、避免重复性建设为目标的产品溯源方法，是我国食品安全追溯工作未来发展的趋势。

目前，我国的追溯标准体系建设正加快完善，追溯的应用已不再局限于食品，越来越多地覆盖到其他关系国计民生的重要产品。随着国家食品（产品）安全追溯平台建成并与多个省级平台对接，我国目前已实现上亿种产品的责任主体追溯和 3 000 多家企业的产品过程追溯。

　　我国不仅在国内有序推进追溯体系，同时还注重国际合作。从 2008
年开始，在 GS1 总部的支持下，中国物品编码中心与 GS1 法国联手，分
别联系中国鑫豪公司（Synbroad）和法国 Casino 公司，开展从生产加工
到零售零供链条的追溯合作，实现我国生产的青刀豆罐头从生产到销售的
跨国全过程自动化追溯。追溯项目遵循 EANCOM 标准，采用 EDI 技术传
递物流与追溯信息，帮助贸易伙伴间信息的无缝对接，确保出口产品的准
确、快速处理。该跨国项目在次年 GS1 全球论坛上作为优秀案例向全球千
余名代表进行展示。

通过全球统一标识系统实现中国食品的跨国追溯

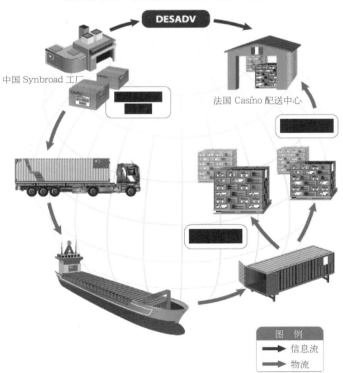

通过全球统一标识系统实现中国食品的跨国追溯流程

通过建立全链条追溯体系，市场监管部门在服务企业完善内部风险防控、自控自律、促进品牌发展的同时，得以腾出更多精力抓住重点环节，落实风险防控，守住食品安全底线。一方面满足消费者对于食品消费安全相关信息的知情权，另一方面倒逼经营主体落实主体责任，从而形成食品安全政府推动、专业机构参与、技术机构支撑、经营主体自律、消费者获益的共享诚信的"多赢"局面。

第五节　助力医疗卫生服务

随着国内人均可支配收入的提升和消费结构升级，人们更加注重生命品质和身体健康。与此同时，医疗卫生领域产业规模维持高增长态势。药品和医疗器械产品的质量与病人的生命健康息息相关，采取有效的跟踪追溯与监管措施势在必行。

但"把脉"我国医药产业的管理体制与运作模式，曾存在这样一些短板：一是医药供应链结构复杂。流通环节和交易层次多，渠道复杂，信息不透明，导致流通环节成本过高，流通效率低下。二是集成度较低。供应链各参与方没有对内部资源、上游供应商和下游客户进行有效整合，无法实现资源的高效合理配置，大大影响物流系统的整体效率。三是信息化建设亟待提升。虽然各种医疗信息系统已广泛实施，并取得一定成效，但多数仅限于企业内部闭环使用，尚未形成反应敏捷的物流和信息流，造成信息处理和流通效率的低下。

可以说，医药供应链的优化，除了减少中间环节，优化资源配置外，还需要加强环节之间、系统之间以及组织之间的信息收集、处理和传递，形成自动化的信息流。这也是医药供应链改进的关键所在。这就要求医疗供应链的各环节对系统的软硬件进行改造整合，确保其内外部的兼容性，进而实现上下游之间的沟通。为了实现该目标，尽可能减少重复建设，系统的设计应建立在整个供应链使用统一产品编码——商品条码的基础上。

所以，在药品和医疗器械中使用商品条码标识体系是产业健康发展的大势所趋。此举不仅可以帮助企业提高在全球贸易与供应链管理中的效率和透明度，更能便于产品的流通销售，降低企业运作成本，最终实现药品和医疗器械可追溯。而在统一编码标准的基础上建立全球数据交换系统，突破追溯壁垒，则具有重大意义。

2004年，"ANCC系统在医疗器械产品跟踪追溯中的应用"启动，实现国内首次采用全球通用的编码与信息自动识别技术对医疗器械进行监管与追溯。在对医疗器械生产、销售及医疗机构全面调研的基础上，制定了基于ANCC系统①的技术方案，通过帮助各级医院建立以医疗器械信息管理系统和植入性医疗器械的"户口簿"，使病人可以快速追溯生产销售企业，同时企业和医院也能够对产品进行有效追踪。2008年成果很快推广到上海各大医疗机构，为政府部门遏制、打击医疗器械的非法生产、销售和使用等方面提供了技术手段，对我国医疗卫生行业的信息化建设起到促进作用。

针对药品条码使用缺乏规范性、医疗连锁超市POS终端扫描条码比

---

① ANCC系统是当时GS1系统在国内的一种称谓。

例低、结算准确率差等问题，2007 年，青岛市、陕西省的医疗连锁超市大力采用商品条码进行 POS 扫描结算终端，青岛多家医药超市门店搭建了 POS 扫描结算终端，利用条码技术实现自动扫描结算和物流管理，并设计开发医药连锁超市后台管理软件，对企业实际库存、账面库存、销售业务、经营状况等进行全方位的管理，实现了"管理核算一体化"。数据显示，青岛某药品经营有限公司的工作效率提升了 30%，差错率降低 25%，药品使用商品条码的比例提高了 20.2%。

江苏实施了"条码在医疗产品生产管理中的应用"和"医药经营企业条码管理信息系统"两个项目。一方面，在当地医疗器械产品的企业管理、生产过程控制和质量跟踪中采用条码技术进行信息控制和跟踪，提高了企业管理与服务水平，有效打击了制售使用假冒伪劣医疗器械的违法行为，确保了医疗器械使用的安全有效；另一方面，将条码技术与企业管理信息系统结合，实现药品的采购、仓管、配送、批发、零售等环节的信息化、自动化、现代化，提高了医药流通业的信息管理水平。

早在 2007 年，浙江珍诚医药在线等浙江省医药物流企业，通过使用商品条码，不仅优化了医药物流管理、提高了医药物流效率，还强化了质量监管，以实现药品质量可控可追溯，并促进了医药企业和医药终端客户对医药编码标识标准化工作的认识不断提高，在医药供应链上、下游客户间形成了良好的示范效应。

以浙江某医药集团公司的应用为例，使用医药物流条码不仅可以提高医药物流自动化的水平，还助力企业充分利用医药物流条码的优势建立产成品的仓储和出入库计算机管理系统，提升企业产品销售的管理能力和水平，降低成本、提高效益。具体来看，该公司在收货检验的时候，系统根据

ERP 系统打印条码标签后粘贴在药品上上架。根据 GSP（Good Supply Practice，药品经营质量管理规范）的相关规定，同一个品名规格的药品，相同批号的需要集中堆放，不同批号的需要分别堆放，以往对于这种要求在实际作业中往往比较难做到，但在条码系统中就能够很容易做到。同时相关的补货作业，即由堆垛区向货架区的药品的补货和由货架区向拆零区的补货，也很容易做到批号的严格细致的管理，而不需要对作业人员作过多的要求，只需要他们能按指令作业就可以了。检货是将 ERP 系统的发货单信息下载到手持终端上，检货人员输入订单号后按提示进行作业，并扫描或输入必要的信息即可，速度是传统手工记录的一倍以上。此外，消费者和监管部门可以通过信息服务平台对药品供应链中原料、加工、包装、储存、运输、销售等环节进行跟踪与追溯，真正实现了全程安全可控。

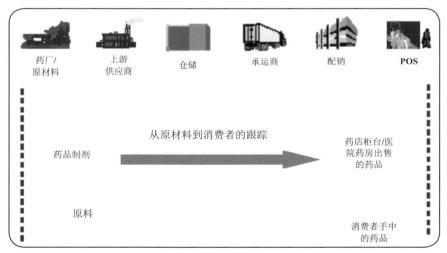

从原材料到消费者的跟踪

　　在医药物流条码应用中，跟踪（Tracking）是指从医药产品生产厂家到医药产品使用终端（医疗机构及药店）跟踪医药产品流向的能力

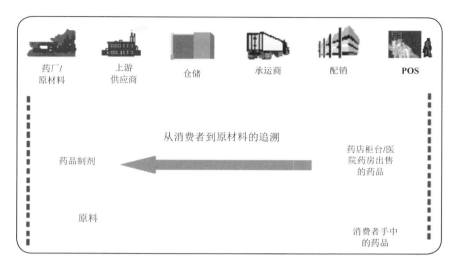

从消费者到原材料的追溯

在医药物流条码应用中，追溯(Tracing)是指从医药产品使用终端（医疗机构及药店）到生产厂家追溯产品的能力

2008年开始，为满足北京市药监局对进入北京市流通的化妆品的监管要求，中国物品编码中心与北京市药监局合作开展了全国范围的化妆品品种数据采集工作，要求化妆品生产企业填报化妆品卫生批准文号、生产许可证号、特殊化妆品批准文号等，为北京市药监开展化妆品市场监管提供技术支撑，同时也促进了我国化妆品数据库的建设。

近年来，随着工业水平提高和市场国际化程度加深，药品和医疗器械产品在全球流动越来越广泛。一旦发生不良事件，其影响都将是全球性的。与此同时，世界各国的监督管理部门都意识到，无论是药品还是医疗器械，上市前提高准入门槛的安全措施都是相对的，而上市后的不良事件追溯亦是对产品全生命周期的监管重点，推进统一的追溯体系建设亦成为全球共识。

在这个过程中，标准化工作就显得尤为重要。多年以来，国际物品编码协会以及各国家和地区编码组织积极深入医疗领域标准化工作。从事医疗服务信息传输协议及标准研究和开发的 HL7（Health Level 7）组织专门与 GS1 签署合作备忘录，支持使用 GS1 标准为医疗保健供应链领域的最佳标准。全球协调工作组（IMDRF）、欧洲医疗工业协会（EUCOMED）、欧盟委员会（EC）、国际医院联盟（IHF）等也都表示支持 GS1 标准用于医疗供应链。美国、日本、英国、澳大利亚等国家也都纷纷出台相应政策支持。2013 年 12 月 17 日，GS1 成为首个获美国食药监批准成为唯一器械标识（UDI）的发证机构。

在我国，为了更好地在全国范围推广商品条码，2008 年专门成立了医疗保健领域推广工作组，工作组就设立在中国物品编码中心。其主要职能就是组织开展医疗保健领域编码与自动识别技术的研究和推广应用工作。该工作组的成员则主要来自药监部门、卫生部门、行业协会、药店、药企等医疗卫生政府机构以及企事业单位。多年来，来自医药行业及编码技术领域的专家们深入市场调研，参与制定商务部药品和中药材流通编码相关标准，编写了《商品条码在医疗卫生供应链的应用》《医疗卫生领域商品条码应用指南》《国内外 GS1 系统应用案例集》等指导手册。自 2009 年起，针对"医疗供应链效率提升""医疗器械唯一标识（Unique Device Identification，简称"UDI"）实施"等热点话题，行业召开了一系列研讨会，邀请行业专家和标准化技术专家分享宝贵经验，为行业提供技术支持和应用指导。

据统计，截至 2021 年 12 月，我国商品条码系统成员中有医药制造企业 14 409 家，医疗器械与设备制造企业 4 295 多家，化妆品制造企业 4 826 家，营养、保健品制造企业 3 784 家，医药零售批发企业 1 445 家；

九成以上通过 GMP（Good Manufacturing Practice，药品生产质量管理规范）认证的医药企业自愿加入了商品条码系统；全国零售药店中非处方药的商品条码覆盖率已达 90% 以上。

为了推进国内医疗器械 UDI 的政策制定和实施，在国家食药总局组织的医疗器械编码体系建设技术研究和行业调研工作中，中国物品编码中心先后与中华医学会医学工程学分会、中国医学装备协会管理专业委员会等行业协会共同举办了医疗器械编码研讨会，在深入了解行业需求的基础上制定了《基于 GS1 标准的医疗器械唯一标识（UDI）编制方案》，以满足不同使用风险等级器械的编码标识与监管追溯要求。2006 年以来，上海、山东、福建等地的 150 多家医院在全球率先采用商品条码技术，实现植入性医疗器械的单品追溯，保障了患者安全，在改善医患关系中发挥了重要作用。此应用已达到国际领先水平，受到国内外医疗保健领域专家的广泛关注，为 GS1 编码标准在我国医疗器械行业的应用推广提供了经验。

虽然药品和医疗器械产品的相关法规在各个国家存在差异，但技术标准和编码规则统一则成为趋势。假如每个国家都有自己的 UDI 编码方法，即使相互存在很小的差异，也无法形成全球统一追溯体系。如果产品在分销和供应链管理过程中出现跨国家和地区反复更换标签和编码的情况，如何确定安全责任问题？

因而，采用 GS1 全球统一标识系统作为 UDI 编码方法，在医疗卫生领域进行有效标识已成为国际共识。

UDI 组成

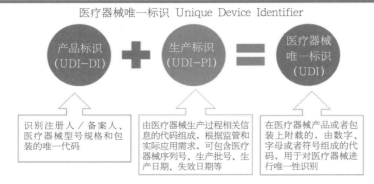

医疗器械唯一标识 Unique Device Identifier

产品标识 （UDI-DI） ＋ 生产标识 （UDI-PI） ＝ 医疗器械 唯一标识 （UDI）

识别注册人／备案人、医疗器械型号规格和包装的唯一代码

由医疗器械生产过程相关信息的代码组成，根据监管和实际应用需求，可包含医疗器械序列号、生产批号、生产日期、失效日期等

在医疗器械产品或者包装上附载的，由数字、字母或者符号组成的代码，用于对医疗器械进行唯一性识别

UDI 的编码结构

　　资料显示，目前已有 70 多个国家强制要求或接受 GS1 标准用于医疗产品标识或追溯。我国已有九成以上的医药企业使用商品条码，市场上超过 90% 的非处方药印有商品条码。据不完全统计，基于 GS1 的医疗器械管理系统已在北京、上海等多地的 200 多家医院应用。

医疗器械包装上使用数据矩阵码（DataMatrix，DM 码）

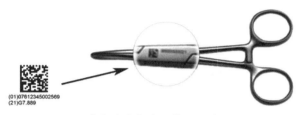

手术器械上的二维码蚀刻

采用与国际一致的编码体系，能够确保追溯信息的互联互通和追溯工作的有效性，进而实现全国乃至全球追溯。2021 年，世界卫生组织（WHO）发布了医疗产品追溯政策文件，鼓励成员国使用 GS1 国际标准进行产品标识、生产标识、自动识别及数据采集和数据交换，以减少系统建设和运营成本，最大限度提高国内和国际的互操作性。

2021 年 6 月 1 日，国药集团中国生物供应 COVAX（新冠肺炎疫苗实施计划）首批 16 万剂新冠疫苗下线，这也是中国供应 COVAX（新冠疫苗全球供给计划）的首批新冠疫苗正式下线。得益于中国物品编码中心的帮助，此次下线的新冠疫苗，外包装特别印制了国际监管二维码 GS1 DataMatrix。该二维码得到世界卫生组织（WHO）、联合国儿童基金会（United Nations International Children's Emergency Fund，简称 UNICEF）和全球疫苗免疫联盟（The Global Alliance for Vaccines and Immunisation，简称 GAVI）等众多国际组织的推荐，已在全球 70 多个国家和地区广泛用于药品标识和追溯。为此，2021 年年底，国药集团专门给编码中心写了感谢信。

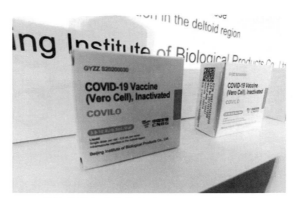

国药集团中国生物供应 COVAX 新冠疫苗

未来，在医疗卫生领域，条码的应用将更深入、更广阔；统一医药产品编码标识，亦必将为"健康中国 2030"战略目标的实现，贡献巨大的力量。

第六节　智慧供应链让物流更精准

条码技术在物流领域的应用日臻成熟，在仓配管理、数据共享应用、可循环模式等方面为供应链"全链"可视化奠定了坚实的基础，对供应链管理中产品信息的完整性、精确性、及时性至关重要。

供应链中常见的运输载体有外包装箱、托盘、周转箱等。在整个物流过程中，发货人和收货人希望在途运输货物有更好的可见性，在任何时间都能得到有关货物的详细信息，实现整个供应链过程的透明化。为了使物流单元在任何时间和地点都能被快速、准确地识别，就必须对其进行唯一的编码表示。GS1 标准可以帮助供应链参与方实现这一目的。从制造商到物流服务提供商、分销商和零售商，供应链中的所有参与方都可以通过 GS1 标准监控和跟踪货物的配送，有助于提高供应链中整个物流系统的效率和准确性。

GS1 标准中的 EAN-13、ITF-14 和 GS1-128 常用于标识外包装箱，统称为箱码。箱码除了作为包装单元和物流单元标识使用，还能为企业供应链管理带来哪些帮助呢？以华润苏果为例，自上线了基于 ITF-14 条码自动分拣系统以来，带来极大便利的同时，也节省了巨额成本。

据介绍，苏果物流依托苏果超市的规模业务量，通过集中采购、统一配送为供应商、苏果店铺、批发客户、最终消费者提供一体化的物流配送服务。其常温仓库面积约 15 万 m^2，覆盖 1 400 多家苏果门店、2 000 多家供应商、4 万多个 SKU（Stock Keeping Unit，库存进出计量的基本单元），物流服务半径超过 250km^2。目前，苏果业态多（购物广场、社区店、便利店、标超店）、门店多、品类多（经仓 SKU 数约 1.7 万个，覆盖冷藏、冷冻、干货、家电等）、供应商多，大规模的增长伴随着各供应商的包装标准不一，箱码条码规格、印刷、码制各异等问题，给验收作业及库存管理工作带来了较大的困扰。而且目前零售行业在收货环节进行拆箱扫描的情况仍较普遍，对于作业效率的影响尤为明显。

近几年来，高速自动分拣机得到广泛应用，在此大环境下，苏果也于 2015 年开始在江苏淮安建设自动分拣流水线，这就需要外箱包装印有统一条码标识来支持自动分拣系统的分拨、分拣等工作。但由于各家采用不同编码方式，关联不同商品信息，现场安排专职人员编码、打印，人工贴标。这种做法易出现编码错误、标签贴错、标签贴重等现象，造成分拣机识别差错等问题。为此，近几年苏果按照商品条码管理办法以及相关编码国家标准的要求，开展箱码整改工作，并基于供应商箱码使用的不断规范来完善苏果自动分拣系统的应用。

与此同时，苏果联合上游供应商，制定并发布了规范商品储运单元条码及包装要求的相关通知，明确编码规则、外箱条码要求、业务流程等内容。通过供应商大会及供应商系统平台，向供应商广泛宣传，讲解储运单元码的益处与应用效果，并得到了第一批供应商的响应与支持。在推进过程中，优先推进大型供应商改进试点，从而起到良好的示范作用。

随后，该公司全面向供应商推行箱码（ITF-14码），争取上游供应商的认可与支持，制定过渡期方案，解决供应商原有外包装箱过渡使用问题，供应商参与程度从5%普及到60%，至2018年6月，苏果供应商外箱码已实现100%普及。同时，实现了项目的最终目标，将单元化应用到前端联合预估与补订货，为供应商制订生产计划及进行带板运输、整车配送提供支持。

通过这些举措，苏果每年可以减少标签打印费、人工费约90万元；此外，标签、色带、设备等资产及物料成本下降20%以上；供应商人工成本降低8%，已经取消场内倒板及贴标签的人工作业；综合供应链成本，从订单、运输等方面来比较，有5%的效率提升。

在分拣环节之后，外包装箱将以物流单元集合的形式发送给下游参与方，通常以托盘或者周转箱作为载具进行整合。对于托盘或周转箱层级，整托货物在每一次中间环节的租赁、转交、归还等操作流程时，都要以"一托一码"实现托盘精准定位与交接，确保托盘避免在中间环节发生混淆或丢失等情况。同时，从源头生产商端，商品装托后需在物流单元上放置物流标签，供下游流通企业通过扫描SSCC条码完成收货，并在每一次托盘收货和流转环节准确获悉该托盘的物流信息以及所装货物的商品信息；当货物需添加或拆分分解时，也可以通过物流标签信息来进行商品种类、数量校对和分类分拣，并基于物流标签 SSCC 等条码信息生成新的物流标签。因此，通过托盘和物流单元两个层级 GS1 标识的结合使用，为托盘赋予数据单元属性，可以实现常见物流配送场景的配送精细化管理和数据流转需求。

GS1 标准中的系列货运包装箱代码 SSCC，在为供应商和零售商提供统一的商务语言、实现信息共享和在供应链流程中搭建标准信息桥梁中，发挥了重要作用。通过应用 SSCC 编码有效替代试点企业无编码或内部编码，实现了物流编码的国际化、标准化、通用化，有效改变了内部编码外部不通用的现状。在标签使用上，改变原手写及文字标签，采用打印的条码标识标签替代原有标签，并实现了标签的自动生成、打印与扫描识读。除了 SSCC 编码以外，企业还可添加（02）物流单元内贸易项目代码＋（11）生产日期＋（30）贸易项目数量信息，实现了标签形式规范化，简化了原有流程，并且实现了出货单元的精细化管理。

湖北某公司主要生产装饰装潢纸面材料，多张纸面材料摆放在托盘上，以托盘为运输单元，每托盘装载的产品规格和数量会根据不同客户的需要而不同。在生产流通过程中存在托盘货物混装的问题，即一个托盘上装有多种不同产品（GTIN 不同），经过对生产运输环节进行优化，对整个托盘附一个仅

湖北某公司 SSCC 标签应用

有 SSCC 编码的标签,同时针对托盘中的不同产品单元,分别生成对应的 (02) + (11) + (30) 的标识标签,方便客户有效辨别托盘内的具体产品信息。

近年来,随着 SSCC 的推广应用,越来越多的企业开始注重 SSCC 带来的益处,带动整条供应链的变革,并且影响还会逐步向外扩散,不断促进物流单元标识趋于规范。

2017 年 6 月,全球知名的零售商麦德龙与全球最大的饮料生产商可口可乐的战略合作项目"零售供应链信息化-麦德龙 & 可口可乐 ASN (Advanced Shipping Note) 以及 SSCC(系列货运包装箱代码)"获得"2016 年中国 ECR 优秀案例金奖"。此项目得到了中国 ECR 组委会的高度评价,同时也成为零售商与生产商加强和拓展供应链合作的范例。

麦德龙与可口可乐在供应链信息化上实现战略合作

项目涉及了端到端的信息交互以及物流运作,因此需要麦德龙以及可口可乐双方不同部门的同时协同合作。麦德龙涉及供应链、系统、财务以及门店运作部门;与此相对应的,可口可乐公司涉及供应链、系统、财务以及装瓶厂。双方不同部门的同事通力协作,确保了信息流、物流、资金流的顺利流通,也是此次项目顺利进行的保障。

通过双方的协同合作，面向整个供应链体系开发并推广信息技术，建立相关支持平台，为业务衔接和数据交换提供支撑，促进了物流、信息流和资金流高效流转、协同和准确性。

具体来看，为整合供应链的物流以及信息流，打通麦德龙和可口可乐的供应链信息化，双方采取了几项重要措施。

其中，第一阶段是订单整合方案。通过信息流的优化实施，麦德龙和可口可乐简化了订单生成流程、缩短双方之间的信息传递时间；减少了订单管理的人员、纸张、耗材等成本；避免了同样的数据重复进入多个系统；同时，数据在任何时间都可以传递，且数据更为准确。这些情况的改善和优化，都成为物流高效运作的坚实基础。

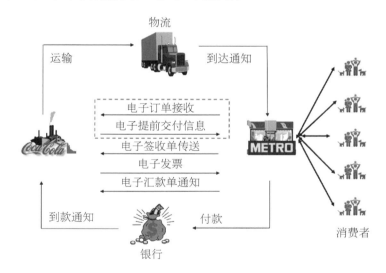

第一阶段——订单整合方案

在麦德龙门店，通过第三方的 EDI 改变订单的生成模式。订单信息流可以进行集中式信息交互，避免之前的多点交互，提高数据的准确性和及时性，为以后的物流配送做服务。在可口可乐公司内部，通过自身的信息平台，整合了信息的发布，从而提高了订单的满足率。

第二阶段是预期发货报告以及托盘运输收货。在信息层面上，可口可乐将 ASN 通过系统自动传输给麦德龙。在物流运作上，从起始点开始托盘化运输，在终端麦德龙门店直接进行托盘交换。在麦德龙门店收货流程中，门店收货人员只需要一键确认收货，大大加快收货流程，节省人力。

第三阶段是以 SSCC（系列货运包装箱代码）为主导的预发货报告。通过采用 SSCC，在物流上实现了快速卸货、托盘交换，提升了收货效率和准确率。在信息层面上实现了扫描收货、电子交付，最终实现了供应链和信息流的整合提升。

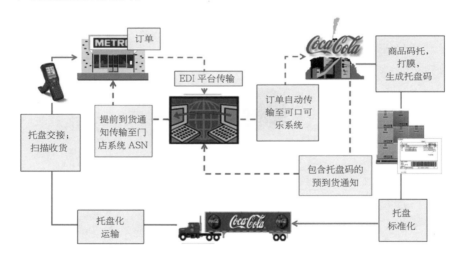

第三阶段——应用 SSCC 进行信息交互流程图

麦德龙的订单在系统中进行整合和转换，与可口可乐进行交互，生成 SSCC 代码。通过 SSCC 建立商品物流与相关信息间的对应联系，就能使物流单元的实际流动被跟踪和自动记录，同时也可广泛用于运输行程安排、自动收货等）以托盘为单位进行门店配送，在终端门店可以通过 HHT（Hand Hold Terminal，即手持终端）扫描 SSCC 进行收货。

该项目实施后服务水平质量的提升，不仅是双方互利互赢的结果，更可以看到通过 ASN 和 SSCC（Advanced Shipping Note-Including

SSCC，即包含系列货运包装箱代码 SSCC 以及托盘货物信息的提前送货通知）的信息化推进供应链发展的创新价值。从最终的结果来看，经过样本统计分析，送货效率的提升高达 70%，门店的订单满足率提升 2%，送货准时率提升 1%，大大优化了整个供应链网络的运作效率。

　　随着电子商务尤其是生鲜电商的普及，人们对物流的装卸货作业环节也提出了更高的要求。而要想提高效率，就不能不提带板运输。这种模式在国外已臻成熟，在国内也出于高速发展上升期。

　　什么是带板运输呢？它是指货物按一定要求成组装在一个标准托盘上，组合成为一个运输单位，并便于利用铲车或托盘升降机进行装卸、托运和堆存的一种运输方式。最近两年，京东物流在智能化带板运输方面的应用为物流业提供了借鉴。

　　以京东物流与新希望通过带板运输解决运输需求的应用为例。此前，新希望采用散箱装运的方式，装车时间需要花费 3～4h 完成，而采用带板运输方式之后，仅装车环节就节省了 2～3h。其次，带板运输方式大大缩短了装货和卸货的时间，使得车辆周转率从一天运 1 次货增加到一天 2～3 次，因此提高了车辆使用率。

　　事实上，相较于普通的物流装卸作业，配有物流载具的货物装卸能够借助叉车等机械设备快速完成，原来需要 4h 的作业时长，半小时即可完成。与此搭配的，普通货运车辆需要在卸货窗口排队等待，而配有标准化物流载具的货运车辆因装卸方式的不同就需要区分卸货，于是，快速高效的绿色通道呼之欲出。

京东云箱

　　为配合条码信息的便利采集，京东物流集团研发部门又配套开发了移动端APP，软件兼容 iOS 系统及安卓系统，手机端及 RFID 智能终端安装后利用手机网络，即可实现智能芯片的扫描并连接系统数据库

　　在推行带板运输模式的同时，信息化手段是必不可少的。每片托盘都赋予 GS1 GRAI(Global Returnable Asset Identifier，全球可回收资产标识）可回收资产编码作为托盘全生命周期唯一标识，并通过智能芯片安装在托盘上，所以，该智能芯片集成条码、NFC、RFID 三种载体于一身，可适用于多种复杂的物流作业场景。基于采用 GS1 标准的托盘标识，可以实现托盘与商品信息绑定及与供应商的信息交接，快速完成入库交接，减少供应商入库等待时间。

　　目前，京东云箱第一代智能芯片已在自营租赁托盘领域得到推广，芯片信息可记录物流载具制造信息、所属单位、载具类别、产品信息等，通过条码扫描即可完成信息与云箱平台系统的实时传输链接。基于京东庞大的商流、物流、信息流等，可以快速推动上游供应商开展带板运输，在产品快速入库的同时起到社会化降本增效的目的。

　　可以说，正是这些龙头企业的需求与前瞻性应用，推动了条码自动识别技术在各个领域一次又一次创新与进步。条码技术在物流领域的应用场景越来越广阔，未来也越来越值得期待！

第七节 提升建筑业生产力

在建筑领域，随着数字化发展所带来的建筑信息模型化（Building Information Modeling，简称 BIM）在全球范围内的关注和普及，标识与数据标准化成为行业面临的挑战，而 GS1 标准恰恰能够完美解决相关问题。麦肯锡报告指出，提高透明度、改善采购与供应链管理、注入数字技术和先进自动化等措施，可以将建筑业的生产力提升 50%～60%。

这种强烈的应用需求，以及组织性质、架构和愿景的高度一致性，直接促成了国际智能建筑联盟（building SMART International，简称 bSI）与国际物品编码组织（GS1）的合作，并快速在各个国家落地推进。2018 年 9 月 25 日，国际智能建筑联盟（bSI）与国际物品编码组织（GS1）签订合作备忘录，共同促进全球标准在建筑领域的应用。

与国际同步，我国也积极探索 GS1 系统建筑行业应用框架。作为全球最大的建筑工程市场，我国建筑领域正在朝智能化、数字化、国际化方向快速发展，来自于建筑工程产业链的各个主要环节的建筑公司、承包商、工程企业、学术研究机构、建筑产品供应商以及软件销售商等机构和企业，都开始着手研究并实践物理实体的数字化，以便解决传统工艺中无法实现的技术问题，极大提高建筑施工的工作效率。在这个背景下，编码标识的需求以及数据管理的需求不断涌现。而建筑材料显然成为建筑领域最重要的商品编码应用标的。

作为建筑领域的上游，建材行业生产着建筑过程中必不可少的原材料，以及"一带一路"建设中最为重要的基建物资。建材产品范围广、种类多，行业管理较为粗放，属于传统行业。但随着建材行业在绿色环保、电商跨界、互联网家装、智能家居等发展方向上寻求转型突破，衍生出了对于行业管理的精细化和信息化的内部需求。

2018年5月1日，国家标准《建筑信息模型分类和编码标准》（GBT 51269-2017）正式实施，该标准对标国际标准ISO 12006房屋建筑——建设工程信息组织（Building Construction—Organization of Information about Construction Works），首次对工程建设中的建筑产品做了明确而详尽的分类，建筑材料全部囊括在其中。因此，从产品分类角度界定出完整的建材行业构成，从而得出准确的数据统计，具有十分重要的意义。

与此同时，建筑业的工业化发展带动着预制构件、混凝土与水泥制品、钢材等大宗建材产品对于精细化、数字化管理的发展需求，这突破了以往我们传统概念中的建材产品，同时也带来了更多的应用方向。

从国际上看，各国政府对公共建筑项目的管理要求、建造行业的数字化需求以及企业内部精细化管理需求，共同促进了建筑信息模型等信息化工具在全球范围内的普遍关注和快速普及。瑞典、挪威两国已经先后将GTIN作为建筑材料的强制性唯一标识，用于建筑信息模型中。其他欧洲国家也在共同推进GTIN在建筑材料中的使用。

建筑信息模型（BIM）图例（图片来源于网络）

以预制构件（注：预制构件是指按照设计规格在工厂或现场预先制成的钢、木或混凝土构件）这种特殊的建筑材料为例，作为由水泥、钢筋等加工成的建筑过程产品，其在施工现场像"搭积木"一样组装成最终的产品——建筑。而在"搭积木"的过程中，编码应用能显著提升效率。因此，以预制构件的编码与自动识别作为应用框架研究的切入点有着重要意义。但目前，建筑工业化的建造过程尚未形成预制构件统一标识的概念，往往简单地把分类编码当成标识编码，或把标识与预制构件标签相混淆。

具体来看，在建筑行业工业化建造领域，涉及编码方面可参考的国家标准包括 GB/T51235—2017《建筑工程设计信息模型分类和编码标准》、GB/T 22633—20082《住宅部品术语》；行业标准有 JG/T151—2015《建筑产品分类与编码》；学会标准有土木工程学会制定的《装配式建筑部品部件分类和编码标准》；团体标准有深圳市建筑产业化协会制定的 SZTT/BIAS 0001—2018《预制混凝土构件产品编号标准》；地方标准有福建省住建厅 2016 年印发的《装配式建筑部品部件编码规则》等。上述标准应用于分类编码领域，对于工业化建造过程中预制构件的标识编码、数据载体、自动识别及解析领域的相关标准尚属空白。

此外，以预制构件编码与自动识别为例，建筑领域的编码应用还存在一些问题：设计院、深化设计单位与预制构件厂的编码原则不一致，有的按预制构件类型编码，有的按预制构件平面位置编码，互不兼容，没有统一分类编码标准，无法实现一物一码，增加了各方协同工作的复杂度。缺乏统一、规范的要求，各单位自行设计和选型，比如数据载体类型、标签大小、位置、颜色、材质等，在美观性、标准性、方便性上还有较大改进空间。

缺少从工业化建造系统工程角度，乃至工业化建筑全生命期的角度去统筹思考，通过编码与自动识别技术规模应用，将装配式建筑设计、制造、运输、施工以及后期运维等环节打通，实施全生命期的质量管理和追溯。

近年来，在 GS1 系统建筑行业应用框架的探索中，中建科技集团有限公司与中国物品编码中心深入合作，在预制构件标识方面首次引入国际 GS1 系统并结合实际探索实践，形成了建筑行业的标识解决方案。

如果要为预制构件建立一个全球唯一的标识代码，就需要在数据载体（二维码、RFID 等）中写入预制构件的主标识代码，作为该预制构件全球唯一的"身份证"（ID）。该代码是由加入 GS1 系统的预制构件制造商分配的全球贸易项目代码（GTIN），其结构简单（13 位数字），由前缀码、厂商识别代码、商品项目代码和校验码组成，能够唯一标识由预制构件制造商生产的一件（或一批）预制构件。

主标识代码可以有附加代码，对属性进行标识。附加代码是指在数据载体（二维码、RFID 等）中需要写入的预制构件附加标识，包括必选附加代码和可选附加代码，由 GS1 应用标识符表示。必选附加代码包括批次

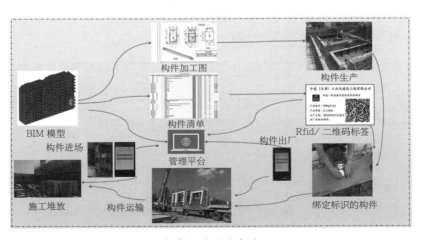

数字化应用路线图

号或序列号，两者至少选择其一。其中可选附加代码由生产日期、附加产品标识、构件重量（kg）、长度或第一尺寸（m），宽度、直径或第二尺寸（m），深度、厚度、高度或第三尺寸（m）等组成。

　　这套方案在具体项目应用中发挥了良好的效果。在北京怀柔张各长村示范项目中，预制构件的标识编码创新应用 GS1 系统，在基于建筑信息模型的数字化设计、预制构件加工图、预制构件生产、预制构件运输、预制构件堆放、预制构件吊装等过程"穿针引线"发挥着重要作用。

预制构件复合集成标签（RFID+ 二维码）

符合GS1标准的预制构件代码结构

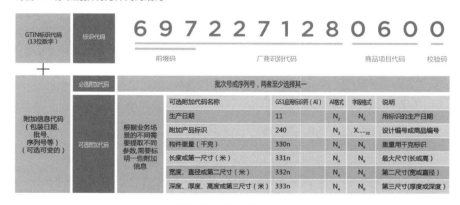

预制构件标识编码方案

经过一年多应用标准的编制工作，在不断创新应用试点的基础上，首次提出并建立了以系统应用主线（"分类—标识—解析"）为基础的工业化建造编码与自动识别应用框架；重构了适合规模化应用的预制构件分类体系，其中创新性引入了"基准名称"（通俗地说，就是预制构件的分类体系对预制构件赋予了统一的名称。理论上讲，是指在预制构件的编码系统中用同一个定义和属性数据模型描述的预制构件的名称）的概念；建立了建筑行业首个基于国际 GS1 体系的应用标准，填补了行业空白，进一步为 ISO、GS1 等国际标准体系的发展提供中国智慧和中国方案奠定了坚实基础。

2021 年 9 月 13 日，由我国提出的《工业化建造 AIDC 技术应用标准》（AIDC Application in Industrial Construction）国际标准提案在国际标准化组织（ISO）和国际电工技术委员会（IEC）共同成立的第一联合技术委员会下设"国际自动识别与数据采集技术分技术委员会（ISO/IEC JTC1/SC31）"正式获批立项。该标准是全球在工业化建筑领域设立的首个国际标准，同时也是首个由我国企事业单位提出并主导的自动识别与数据采集技术（AIDC）领域的重要 ISO 应用国际标准。

这些探索及实践，让我国建筑领域在标准基础方面又向前迈进了一步。随着预制构件的编码问题得以解决，让大幅提升工业化建造效率成为可能，也更为深远地影响着整个建筑业的供应链。

发自于行业自身的、推动行业发展的信息化和数字化需求，必然转化成对于标准化的物品编码和自动识别技术的需求。如今，这种需求已经逐渐表现在建筑领域日常的标准制定和应用推广的工作中。例如，对于预制构件的编码标识便于管理和追溯，对于建材物料进行主数据管理便于统计和销售，对家居产品的编码标识提高运输配送效率，对出口建材产品进行统一编码满足贸易要求等。

可以说，建筑领域全供应链和循环经济过程中的数字化需求，以及各国对公共建筑施工项目的管理规定，共同促进了建筑信息模型（BIM）、地理信息系统（GIS）、物联网（IoT）、大数据、云计算、移动互联网、人工智能等多项前沿技术在全球范围的应用。为了在全球范围内有效地使用和共享信息，采用 GS1 全球统一编码标识系统为实现建筑行业全链条可视化提供了可能；而以 GS1 标准体系为代表的物品编码和自动识别技术，未来也定会伴随着行业前进的脚步而得到广泛应用。

第八节　自动识别产业大发展

作为物品识别的重要一环，我国的自动识别产业已形成一定的市场规模。从概念上来看，自动识别与数据采集技术（Automatic Identification and Data Capture，简称 AIDC）就是应用一定的识别

条码识别车载 RFID 标签（射频识别）

装置，通过被识别物品和识别装置之间的接近活动，自动地获取被识别物品的相关信息，并提供给后台的计算机处理系统来完成相关后续处理的一种技术。按照应用领域和具体特征的分类标准，自动识别技术可以分为条码识别、射频识别、生物识别、卡类识别和图像识别等。

通过自动识别技术，计算机、光、电、通信和网络技术已融为一体，其与互联网、移动通信等技术相结合，实现了全球范围内物品的跟踪与信息的共享，从而给物体赋予智能，实现人与物体以及物体与物体之间的沟通和对话。

生物识别

自动识别技术在国外发展较早也较快，尤其一些经济较为发达的国家具有较为先进成熟的自动识别系统。美国的军品管理、日本的手机支付与近场通信等都是自动识别技术比较成功的大规模应用案例。

条码识别技术的发展也有赖于条码识读设备的发展。条码识读设备由条码扫描和译码两部分组成，现在绝大部分的识读设备都将扫描器和译码器集成为一体。目前市面上条码识读设备可按照扫描方式、操作方式、识读码制能力和扫描方向分为四大类。

1. 从扫描方式上分类，条码识读设备可分为接触式和非接触式接触式识读设备包括光笔与卡槽式条码扫描器。

非接触式识读设备包括 CCD 扫描器与激光扫描器。

2．从操作方式上分类，条码识读设备可分为手持式和固定式

手持式识读设备包括光笔、激光枪、手持式全向扫描器、手持式 CCD 扫描器和手持式图像扫描器。

固定式识读设备有卡槽式扫描器、固定式全向扫描器和固定式 CCD 扫描器。

3．从识读码制上分类，条码识读设备可分为光笔、CCD、激光和拍摄 4 类条码扫描器

4．从扫描方向上分类，条码识读设备可分为单向和全向

常用的条码识读设备包括激光枪、CCD 扫描器、光笔与卡槽式扫描器、全向扫描平台和手机扫描等。这些识读设备都有着各自的特点和应用领域。

不同识别设备及其应用

识别设备	图片	特点	应用领域
激光枪		识读距离适应能力强，具有穿透保护膜识读的能力，识读的精度和速度比较容易提升	大型超市
CCD 扫描器		无任何机械运动部件，性能可靠，寿命长；按元件排列的节距或总长计算，可以进行测长；可测条码的长度受限制；景深小	用于资金比较紧张，适用要求不高的场合，例如一般市场、杂货店或小超市

识别设备	图片	特点	应用领域
光笔		耗电低	作为最早出现的手持接触式条码阅读器，现已逐渐被其他类型的条码识读设备所取代
卡槽式扫描器		扫描器内部不带有扫描装置，发射的照明光束的位置相对于扫描器固定，完成扫描过程需要手持扫描器扫过条码	时间管理及考勤
全向扫描平台		可以对以任何方向通过扫描器区域的标准尺寸商品条码进行扫描	大型超市收款台
手机扫描		方便、快捷、全面地获取商品相关信息	移动电商、移动支付、电子票务、电子名片等

条码与自动识别产业的发展与中国自动识别技术协会与中国条码技术与应用协会等有关社会团体的积极推动密不可分。早在 20 世纪 90 年代，政府有关部门为了促进条码自动识别产业的健康稳定发展，专门拨款 30 万元，先后成立了中国自动识别技术协会和中国条码技术与应用协会。

2001年自动识别技术展览会开幕式暨中国自动识别技术协会揭牌仪式

中国自动识别技术协会是国家一级协会，协会代表中国加入国际自动识别与移动技术协会。该协会是由从事自动识别技术管理、研究、生产、销售和使用的企事业单位及个人自愿结成的全国性、行业性、非营利性的社会团体。协会发挥"智慧经济"和国家信息化建设的重要基础支撑作用，为行业发展、经济建设和提高民生福祉服务，推动技术创新、成果应用、诚信立业、品牌兴企。

中国条码技术与应用协会是在全国范围内由从事条码技术研究、设计、生产、使用和管理的单位，团体和个人自愿组织成立的全国范围的专业性、技术性、非营利性的社会组织，属国家一级协会。协会团结和组织有关团体及个人，通过科研开发、生产、贸易相结合，推广条码技术，扩大应用领域及水平；协调、促进行业与政府主管部门的交流与沟通；开展国内外交流合作，发挥桥梁及纽带作用，更好地为社会主义市场经济服务。

两个协会自成立以来，就着力在我国开展自动识别与条码等相关领域的研究、推广等，参与了多项条码自动识别等标准与技术的研发。中国自动识别技术协会连续举办国际自动识别技术展览会（Scan China），组织召开物联网、产品追溯等行业论坛，进一步促进了自动识别技术产业链的升级转型。由中国 ECR 委员会、中国物品编码中心与中国条码技术与应用协会联合举办的中国 ECR 大会，则先后在零售、物流、电子商务等领域发出商品数字化、智慧供应链等倡议，进一步推动了条码自动识别技术在这些行业的深度应用。

从大环境来看，2006 年以来，我国相继颁布了《中国射频识别技术政策白皮书》《800/900MHz 频段射频识别 (RFID) 技术应用规定（试行）》等政策，着手 RFID 技术研发与标准制定，助推产业进入发展"快车道"。随着生产技术不断成熟，近年来 RFID 标签价格逐渐下降，为 RFID 标签的大规模应用扫清了障碍，每个 RFID 标签的平均价格已由 2013 年的 2元下降到 0.6 元。如今，我国已经成为全球最大的 RFID 生产加工基地。中国的二代身份证等是我国自动识别技术成功应用的典型案例，数据显示，2020 年，中国射频识别 (RFID) 市场规模超 1 000 亿元。

无线射频识别技术 RFID，是一种非接触式自动识别技术。设备识别系统包括射频标签和读写器两部分。射频标签是承载识别信息的载体，读写器是获取信息的装置。视频识别的标签与读写器之间利用感应、无线电波或微波，进行双向通信，实现标签存储信息的识别和数据交换。

目前，自动识别技术已经深度绑定物联网行业。受物联网利好政策出台的影响，自动识别行业发展的动力因子正逐步累积，发展物联网是国家产业升级的重要部分，预计中短期内行业的利好政策将得到维持，自动识别行业将继续受益。

由于自动识别产业自身的特点，一旦时机成熟，将会产生巨大的连锁反应，其产业规模及关联效应不可估量。从产业外部来看，在国家"以信息化带动工业化"的宏观政策指导下，积极推动行业的深层次发展，提高了企业应用和推进条码自动识别技术的积极性。从产业内部来看，通过加强行业内产业链的联合，形成研发机构、生产企业、销售及集成企业的产业联盟，倡导有序及差异化的竞争，营造健康的发展环境，最终形成了条码自动识别行业内企业共赢的良好局面。

近几十年，自动识别技术在全球范围内得到了迅猛发展，目前已形成了一个包括条码识别、磁识别、光学字符识别、射频识别、生物识别及图像识别等集计算机、光、机电、通信技术为一体的综合性产业。

自动识别技术的基本情况

识别技术	基本原理	特点	主要应用领域
条码识别	通过光学系统扫描一组规律排列的黑色、白色条/块组成的标记，读取其中的信息	成本低廉、依附性好，读取速度快、读取准确、可靠性高；需可视识读，无法远距离识读	零售、物流、交通运输、医疗保健、工业制造、金融、海关及政府管理等
射频识别（RFID）	通过射频标签与射频读写器之间的感应、无线电波或微波能量进行非接触双向通信，实现数据交换、识别	信息容量大、可远距离识别，信息可以重写，可多件物品同时阅读，但成本高，粘附性一般，安全性一般，存在被非法读取和恶意篡改信息的风险	制造、物流、医疗、运输、零售、国防等
生物识别	利用人体固有的生理特性（如指纹、脸相、虹膜等）和行为特征（如声音、笔迹等）来进行个人身份的鉴定	具有不易遗忘、防伪性能好、不易伪造或被盗、可随身"携带"和随时可用等优点，但仅适用于人体身份识别	政府、军队、银行、社会福利保障、电子商务、安全防务

识别技术	基本原理	特点	主要应用领域
卡类识别	包括磁卡和IC卡识别技术。磁卡通过磁性载体记录信息,IC卡通过集成电路存储信息	磁卡成本较低;IC卡不易受到干扰和损坏,安全性高,使用寿命长,信息容量大	身份认证、银行、电信、公共交通、车场管理等
图像识别	计算机对图像进行处理、分析和理解,以识别各种不同模式的目标和对象的技术	数据量大、运算量大、算法严密、可靠性强、集成度高、智能性强	国家安全、公安、交通、金融、工业化生产线、食品检测等

目前自动识别技术主要包括条码识别、射频识别(RFID)、生物识别、卡类识别和图像识别等。

尽管条码识别技术和射频识别(RFID)技术的适用领域存在交叉,但它们各有所长,在具体应用场景上存在差异,两者之间不存在完全替代的关系,而是相互交融、互为补充。预计在未来相当长的一段时期内,条码

ETC收费站
图为车辆从石家庄市裕华路高速入口ETC通道驶入(新华社记者王晓摄)

识别技术和射频识别将长期共存并且共同发展。

面对新技术的不断涌现，我国与发达国家的技术差距在不断拉近，有的甚至处于国际先进水平。目前，我国自动识别技术的标准化体系已经初步形成，并且已经初具规模。应用射频技术作为数据载体和传输工具的EPC技术近年来发展较快，我国在标准制定和技术研究方面投入了大量的精力，取得了一定的成效，宣传推广工作开展得有声有色。我国进一步完善标准体系建设，推进了自动识别产业的发展。

以商品条码为核心的全球统一标识系统是全世界最得以成功应用的标准体系之一，而商品条码的推广应用依托整套的标准支撑。近年来，为了加强标准规范力度、提升商品条码管理和应用水平，我国开展了一系列标准的制定和修订工作。

21世纪初，《条码与射频标签应用指南》《物流标准化》等技术专著的出版，引导各行各业的用户更好地应用条码系统，使其能够正确地设计、制作和使用条码标签，详细介绍了射频识别系统的工作原理以及传输协议、射频标签以及读写设备的工作原理，通过一些生动的案例介绍了当前射频识别技术在现代物流、交通管理、军事各个领域的应用情况。这些书籍的出版也填补了我国射频识别技术专著的空白，积极推动了射频识别技术在我国的应用。

面对方兴未艾的市场，现代社会对自动识别和信息采集技术的需求日益增长，这将为我国自动识别产业带来难得的发展契机。我们有理由相信，中国自动识别产业必将会迎来一个更加灿烂的春天。

本章科普窗口

▶ 每个商品上的条码都不同吗？

从商品身份标识的角度看，根据 GB 12904《商品条码　零售商品编码与条码标识》，基本特征相同的商品应分配相同的商品条码，基本特征不同的商品应分配不同的商品条码，商品的基本特征包括：品牌、名称、商品说明、净含量、配方、尺寸、功能等。一般来说，同一品规的商品，包装上印有相同的商品条码。

从商品追溯的角度看，商品条码本身可实现对品规的追溯。使用"商品条码＋批号"的表示方法可对具体商品批次进行追溯，也就是说，同一商品同一批次的条码是一致的。使用"商品条码＋系列号"的表示方法可对具体单品进行追溯，在此种情况下，每一个商品的条码都不一样。

注：通常情况下，当提及"商品条码"指的是狭义的零售商品条码，即为零售商品进行的条码标识。

第五章

条码与商品数字化

第一节　信息社会的零售革命

如今，人们对于电子商务已经再熟悉不过，犹如狂欢的电商促销大战、"电商购物节"等在我们的日常生活中也成了不可或缺的一部分，很多人甚至习惯于定好闹铃等待整点"扫货"。2020年，"双11"进入第12个年头。这个后疫情时代的"双11"，消费趋势更加个性化，营销花样翻新。秒杀、打折、红包、优惠券、预付定金、趣味游戏兑换商品优惠券等活动层出不穷，不仅玩法全面升级，时间也不断拉长。

同时，电商的大发展也促进了我国物流业的快速发展，快递业务量逐年递增。国家邮政局公布2020年邮政行业运行情况显示，2020年，在新冠肺炎疫情突发的情况下，全国快递服务企业业务量累计完成833.6亿件，同比增长31.2%；业务收入累计完成8795.4亿元，同比增长17.3%。其中，同城业务量累计完成121.7亿件，同比增长10.2%；异地业务量累计完成693.6亿件，同比增长35.9%；国际／港澳台业务量累计完成18.4亿件，同比增长27.7%。

无论是电商交易的火爆情景，还是其给物流业带来的巨大推动力，在十几年前都是无法想象的。

说起电商的历史，还要回溯到1995年，最早的电子商务网站——

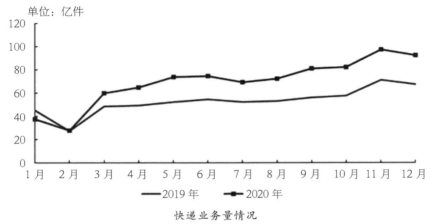

快递业务量情况

　　国家邮政局数据显示，2020 年，同城、异地、国际 / 港澳台快递业务量分别占全部快递业务量的 14.6%、83.2% 和 2.2%；业务收入分别占全部快递收入的 8.7%、51.5% 和 12.2%。与 2019 年同期相比，同城快递业务量的比重下降 2.8 个百分点，异地快递业务量的比重上升 2.8 个百分点，国际 / 港澳台业务量的比重基本持平。

　　eBay——创立于美国加利福尼亚州圣荷塞，它是一个可以让全球民众网上买卖物品的线上拍卖及购物网站。在它之后，这种形式的购物网站在世界范围内纷至沓来。当意识到中国电子商务将有巨大市场空间后，该公司也曾大力布局中国市场。

　　2003 年对于我国电子商务发展来说，是值得记录的一年。这一年 6 月，eBay 以 1.5 亿美元全资控股 1999 年成立的我国在线交易社区——易趣，更名 eBay 易趣。至此，国际电商巨头布局中国市场的动作已经显而易见。也是在同一年，淘宝网创立。一场历时三年的电商大战就此打响。

　　其实，随着淘宝网的上线，eBay 易趣在中国的处境日益困难，市场份额开始不断下滑。一项数据显示，在 2005 年，eBay 易趣的市场份额为 29.1%，而它的竞争对手淘宝网则是 67.3%。对此，专家普遍认为，eBay 易趣在中国市场的困难，表面上看，是由于淘宝网的免费服务，而 eBay

则一直坚持收取一定的费用，但其根本原因却是，美国公司 eBay 主导下的 eBay 易趣缺乏对中国本土市场的深入研究，未能及时迎合本土市场的需要。2006 年，淘宝网已经占据了中国电商市场 70% 的份额，12 月 20 日，TOM 开始接手易趣，推出新的电子商务合资公司。至此，淘宝网一战成名，率领我国电子商务发展迅速步入快车道。此后，仅用了不到 10 年时间，我国电子商务就已遥遥领先于世界其他国家。如今，我国已有众多 B2B、B2C 等电子商务上市公司，与此同时，还诞生了阿里系支付宝、腾讯系财付通等知名第三方支付平台。

电子商务不仅仅是购物，它的范围涵盖了人们的生活、工作、学习等方方面面，其服务和管理也涉及政府、工商、金融及用户等诸多方面。小到家庭理财、个人购物，大至企业经营、国际贸易等，各种业务在网络上的相继展开也在不断推动电子商务的昌盛和繁荣。

而网络直播，显然是近几年与电商紧密结合的一种新兴模式。据统计，从 2016—2020 年，中国网络的直播用户数量已经达到了 5.6 亿人，占到网民比例的 60% 以上。在直播行业中，直播卖货已成为电商当前最流行的一个渠道。

在业内人士看来，中国的互联网在经历门户网站、网络游戏的两波浪潮后，又迎来了电子商务的浪潮。而电子商务的蓬勃发展，进一步引发了中国零售业的价格风暴，并将促进市场份额的重新划分。在电子商务及消费者逐渐成熟的两个主要因素下，高加价率、低效的传统零售模式正在逐渐被打破，缺乏创新的传统零售商发展感受压力越来越大。

商务部电子商务司发布的《中国电子商务报告 2019》指出，2019 年，全国电子商务交易额达 34.81 万亿元，其中网上零售额 10.63 万亿元，电子商务从业人员达 5 125.65 万人。

根据商务大数据监测，2019 年重点网络零售平台（含服务类平台）店铺数量为 1 946.9 万家，同比增长 3.4%。其中，实物商品店铺数 900.7 万家，占比为 46.2%。从消费群体看，全国网络购物用户规模已达 7.1 亿人，较 2018 年年底增长 1 亿人。从商品品类看，服装鞋帽针织纺品、日用品、家用电器和音像器材网络排名前三，分别占实物商品网络零售额的 24.5%、15.3% 和 12.4%。

其中，电商交易平台服务营收额持续快速发展，达 8 412 亿元，增速为 27%；支撑服务领域中的电子支付、电商物流、信息技术服务和信用服务等业务营收额稳步增长，达 17 956.9 亿元，增速为 38.1%。衍生服务领域业务营收额进一步增长，达 18 372 亿元，增速为 18.3%。

网络不仅会带来消费习惯的变化，还引起消费者的生活状态发生改变，随着电子商务对零售行业的影响，电子商务市场规模仍在不断扩大。

在需求的推动下，零售业追求更短、更透明的供应链，打通生产销售环节，以更快、更方便的方式将商品塞到包装里，送到最终的消费者面前。只要这个精益求精的过程和趋势不改变，零售业的革命就仍将继续，而目前主要以电子商务模式出现的零售新业态，就可以看作是信息社会的零售革命。

信息社会，网络技术的发展对零售业的深度和广度都有巨大的影响。网络技术引发了零售业的第四次变革，它甚至改变了整个零售业。可以说，正是电商的到来，让网络技术打破了零售市场时空界限，店面选择不再重要；经营费用大大下降，零售利润进一步降低。

此外，销售方式发生变化，新型业态崛起，人们的购物方式也在发生巨大的变化。消费者将从过去的"进店购物"演变为"坐家购物",足不出户,便能轻松在网上完成过去要花费大量时间和精力的购物过程。

与此同时,传统零售组织也将面临重组。无论是企业内的还是企业与外界的,网络技术都将代替零售商原有的一部分渠道和信息源,并对零售商的企业组织造成重大影响。这些影响包括:业务人员与销售人员减少、企业组织层次减少、企业管理幅度增大、零售门店数量减少、虚拟门市和虚拟部门等企业内外部虚拟组织盛行。这些影响与变化,促使零售商意识到组织再造工程的迫切需要。尤其是网络的兴起,改变了企业内部作业方式以及员工学习成长的方式个人工作者的独立性与专业性进一步提升。这些都迫使零售商进行组织的重塑。

在这种情况下,另一个难题就横亘在虚拟与现实之间了。在商店里买东西,可以直观地选择颜色,通过摸和嗅来分辨材质、闻气味等方式,但网上选购商品则必须依靠完整准确的数据。如何为网络消费者提供更多、更精准的数据信息?如何判断在电商平台的商铺中选购的商品为正品?最初一些电商曾尝试自编码的方式来管理产品,但是随着产品数量的增多,经常出现"一物多码"的现象,最终历史给出的答案就是:电商不约而同地选择了商品条码作为其线上线下结合的重要手段。

第二节　从商品条码到商品数字化

商品条码最初走进消费者及企业视野主要是应用于零售商品结算。商品条码是商品进入商超必不可少的一环,随着我国超市的普及,商品条码在我国大规模的应用也随之开展。电子商务时代的到来更是对商品条码的发展起到了推波助澜的作用，电商改变了全社会的消费方式，也同样扩展了商品条码的应用范围。

智能手机的普及和网络技术的不断升级又为条码技术应用增添了更加广阔的空间。10年前，对于很多刚从线下转到线上消费的老百姓来说，通过扫描商品条码或直接在手机App中手工输入商品条码号进行网上产品信息查询和比价，一度成为他们在购物前的必选动作，市场上具备此类功能的App也随之层出不穷。面对现在如火如荼的移动电商市场，商品条码作为消费者获取更加丰富的数字化商品信息的市场地位无法撼动。

商品数字化是将商品通过视觉拍摄，字段提取等方式获取原始商品数据，并根据需求，将这些原始数据转化为商品图文，并由屏幕端（手机、电视、PC等）直接展现给消费者的过程。

通过在线上线下采用统一的物品编码标识标准，整合上下游商家和产品，可以避免众多互不兼容的系统所带来的时间和资源的浪费，进一步降低运行成本，实现信息流和实物流快速、准确地无缝链接；可以使产品具有全球唯一身份标识，在全球任何国家和地区通行无阻；还可使产品整个供应链的各个节点实现可视化，对跨境电商起到保障作用。

20世纪90年代移动"大哥大"、21世纪初普遍使用的非智能手机、智能手机

但在电商时代初期，不管是电商平台企业还是电商卖家，都没有意识到商品条码线上应用的巨大潜力，普遍认识停留在商品条码就是通过扫描实物条码来提高零售结算和线下物流效率，忽略了它最基本的全球唯一身份编码及由此所关联的产品信息的再利用。随着电商的深入发展，国内主流电商平台逐渐意识到商品信息准确性对电商平台、电商卖家、消费者都至关重要，而作为商品流通的"身份证"，商品条码可以让商品有据可查、有源可循。具体来讲，它对电商平台商品信息的准确性可以保驾护航；在电商卖家发布新品时，可通过商品条码把产品信息发布给所有的贸易伙伴，保证信息的准确性与唯一性。商品条码进入电商领域，首先从发挥它自身产品编码标识功能开始，连同产品的几项基础信息，就将产品供应链的各个参与方无缝对接起来。一个小小的商品条码，对整个供应链有着很大的利用空间。

2014 年 3 月，某知名电商发布了《开发商品条码管理功能的通知》，要求旗下电商平台店铺及商户在商品编辑功能中提供商品条码号（即GTIN 编码），发现上传条码号错误情况，将对商家进行处罚。此通知发布后，大量店铺和商户纷纷踊跃申请使用商品条码。随后，2015 年 6 月，在由中国物品编码中心、中国 ECR（Efficient Consumer Response，高效的消费者反应）委员会联合举办的 2015 年第十三届中国 ECR 大会上，包括阿里巴巴、京东、苏宁等在内的 40 余家电商企业代表，围绕"全渠道战略与企业转型"主题展开深入讨论，并发布"电商应用商品条码联合倡议"。

随着电子商务的迅速发展，编码及其所关联的信息发挥的作用日益凸显。由于图像处理技术及网络通信技术的不断升级、相关硬件设备产业的发展，使得向网民提供内容更丰富、图片清晰度更高的商品信息成为可能。2015 年，中国物品编码中心开始在广东、浙江、黑龙江、山东、广西等地建设第一批商品源数据工作室，这标志着商品条码在电商领域的应用已从物品编码技术应用正式转向数字化应用。

通过源数据工作室采集上来的商品信息数量和质量都要比企业自行提供的更为全面、优质，而这些优质的商品信息正是电商各参与方所需要的。如今，已有众多电商平台和社交平台如天猫、微信、京东、美团、敦煌网、我查查等与中国物品编码中心开展商品条码数据对接应用合作，此举不仅服务了电商平台，更为消费者提供了网络购物便利。

商品条码不仅能够服务于国内电商，更能够在跨境电商中大显身手，充分发挥它的产品"全球身份证"的作用。以亚马逊（中国）为例，它聚集了 3.5 万种国际商品，实际上是把美国的商场整合起来，将商品卖到中国。通过电子商务交易，时间和空间的距离正在缩短。中国老百姓不需

啤酒的分类、标识及属性编码

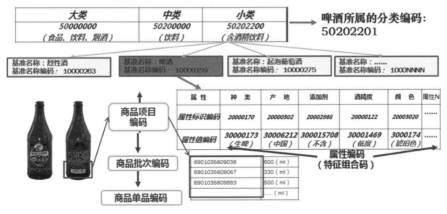

商品数字化与电子商务

要飞往美国，就能通过网络，实现促销活动的"扫货"。而在这个过程中，制造商、零售商、支付和物流也在全球范围内组合成新的商贸流通体系，形成了基于电子商务的世界商店，实现了供应链的重新组合。可以说，商品条码在跨境贸易中帮助构筑一个贸易各方都信赖的可信交易平台。在跨境电子商务的作用下，一些全球知名零售企业在组织架构、经营模式、人力资源、技术设备升级与创新应用等方面正在发生根本性的转变，而商品条码则成为这一切的助推器。

2010 年之后，智能手机在国内的迅速普及，让电商平台看到了手机移动端应用的广阔空间，开始占领移动端市场，并逐渐壮大。当每个人的手机都同时嵌入了电商购物和条码识读功能后，消费者只需要持有一部手机，就能通过扫描商品条码实现物品信息全获取，切实打通了信息壁垒。在此契机下，商品条码的优势便显露无遗。早在 2008 年，中国物品编码中心就组织山东标准化研究院等开展了"GS1 标准在移动商务领域推广应用的研究"，并进行了手机上图书比价、手机移动执法、山东食品安全金质工程移动监管等应用试点，较早开展了移动商务领域商品条码应用的有益探索。

电商的繁荣，不论是在 PC 端还是移动端，都促进了商品数字化的发展。

2018 年，中国物品编码中心与 50 多家国内大型企业发出"商品数字化倡议"；2019 年，有 70 多家国内大型企业发出"商业诚信交货倡议"；2021 年，有 60 多家具有国际国内影响力的零售、品牌、服务商联合发起"提高零供效率，绿色协同发展"。这些举措引起了电商业界的广泛关注，进一步提升了零供双方信息互联互通以及电商交易商品的信息质量，推动了商品数字化在电商领域的蓬勃发展。

商品数字化进程正随着电商繁荣大步向前，商品条码作为其中的重要组成部分，连接了实体商品与数字化商品，有效解决了"数据孤岛"的问题，推动了诚信可靠、互联互通、良性健康的电子商务生态圈的构建。可以预见，在未来的电商发展中，商品数字化将占据重要地位。

而关于条码对商品数字化的巨大贡献，2014年亚太经济合作组织（APEC）发表的《北京宣言》中就指出，"使用标准化编码将使各方更好理解和分享货物贸易信息"，并号召"加强在全球数据标准领域的合作"。商品条码是产品在全球供应链中自由流动的唯一身份标识，是产品进入市场的"通行证"，已广泛应用于世界150个国家和地区的250多万家供应链企业。随着2020年《区域全面经济伙伴关系协定》（RCEP）的签署和新发展格局的到来，我国市场主体及广大消费者将在工作和生活的方方面面越发依赖网络。在物联网、大数据、区块链、人工智能等创新技术与产业的支撑下，商品数字化、服务智能化、价值链国际化必将成为未来发展趋势，以商品条码为核心的全球数据标准必将推动全球价值链发展与供应链连接。

第三节　电子商务与商品数据

当今社会，大数据、云计算的应用在我们日常生活中处处可见。当物品编码与大数据接轨，人们将各种资料、数据分类整理结合后导入其内部机制，物品编码便会根据运算轨道为人们源源不断地提供最新的实时数据。与传统零售相比，电子商务对商品信息的依赖程度要高得多，商品信息在电商领域发挥的作用更加明显，而数据应用则成为电商发展的"尖兵利器"。

此时，商品条码所承载的信息的意义就更为重大了。为了让电脑或手机前的消费者下单购买产品，会拍照、会修图已经成为网店运营的必备技能，但往往因为每个人的视角不同、修图程度不同等因素，导致出现"买家秀"与"卖家秀"差异过大的现象。如何保持信息一致性，成了电商平台极力想解决的问题。与此同时，电商环境下，通过这些编码可以查询到的产品信息需要更加丰富，同时信息的准确度和权威性也不容忽视。在此背景下，建立一个协助贸易各方进行信息共享而建立的数据服务实体至关重要。

其实，早在20世纪90年代，我国电子商务采用条码的工作就已经拉开了帷幕，到2000年供应链标准化，再到物流信息标准化，特别是2010

源数据工作室（重庆）

为协助贸易各方进行信息共享，中国物品编码中心组织成立了中国商品信息源数据服务工作室。

年以来，全社会形成合力，大力推动商品条码助力电商发展。尤其是近年来，天猫、京东、苏宁、美团、国美等国内大型电商平台先后出台规定，要求卖家使用商品条码（实质上是指采用商品条码的 GTIN 代码）进行产品管理。这些举措亦为保障我国电商行业快速发展发挥了不可或缺的重要作用。如今，我国电商领域商品条码及相关数据应用也已走在了世界前列。

商品源数据（Trusted Source of Data，简称 TSD），是指以商品条码为关键字，由商品条码系统成员通过中国商品信息服务平台自主通报和维护的商品相关信息。它是专门针对商品条码系统成员及其产品推出的一项数字化标准标识服务。

这种数据具有来源可靠、真实可信、质量高等特点。利用基于 GS1 标准的"源数据"，不仅能够实现商品的全球唯一标识，更好地打通线上线下全渠道，还可以提高商品流通效率，大大降低社会共享成本。此外，其在供应链各端都发挥着重要的作用。对于生产商来说，源数据可以助其商品信息数字化，为零售商、消费者提供商品信息查询的渠道；对于零售商来说，源数据信息由生产企业自主填报并维护，来源可靠、准确及时；对于消费者来说，通过源数据，能够获得更多可靠商品信息，保障其权益。

2016 年 8 月 23 日，在第二届全球互联网经济大会上，围绕"跨界互联智能共享"的主题，与会从业人员共议新形势下如何利用互联网创新、如何迎接机遇与挑战，探寻未来健康发展方向。作为相关议题解决方案的一次探索，中国物品编码中心联合全球知名电商，正式启动商品源数据。根据会议达成的共识，双方将在电子商务、移动端应用等领域，充分发挥各自优势，拓展市场合作，共同促进商品条码的使用规范，并就商品基础属性标准、推进商品"源数据"标识应用、加强商品安全追溯等方面开展积极深入的合作。

可以说，2016 年的这次联手对于我国电子商务发展来说具有非凡的影响和意义。其不仅是我国商品数据标准化工作发展的重要里程碑，也是共同促进 GS1 全球化标准，推动我国电子商务、商品流通信息标准化、国际化发展的有力举措。

随后，中国物品编码中心又与腾讯、拼多多、京东等大型互联网企业先后开展数据合作，实现"一次源头发布、全网多维共享"的数据应用模式，为上万家企业提供更加全面的商品数据服务。通过共同推进全球数据标准应用、共同推进实施数据采集、共享商品条码数据信息等手段，保障了商品数据在各个应用场景的准确性、时效性与一致性，帮助企业增强了商品标准化管理与营销水平，促进了商品贸易与流通。

以数据标准为核心的"源数据平台"，通过标准采集设备，以及自动测量、自动传输的数据采集操作，保障了数据服务的一致性和兼容性，让企业走上了降低成本、提高效率的高质量发展之路。尤其是它向生产方、流通方、销售方、购物方提供的标准化采集商品信息数据，可以为日后产品流通、反诉提供了关键依据。而通过启动数据挖掘工作，不断深化与电商平台和网络服务商的合作，还进一步推动了 GS1 源数据标识应用工作。

2021 年，中国条码商品信息数据位居全球第一，日均采集数据超过 6 万条，商品数据市场覆盖率达 90%，数据总量达到 1.5 亿种。全国 42 家源数据采集工作室，实现商品的智能编码、自动分析与数据共享，加速企业向现代零售模式转型，完成线上线下的相互融合。已有越来越多的电商平台和社交平台，参与到商品条码数据对接应用的合作中来。而当源数据同步到电商平台的商品数据库后，将为消费者网购提供全面的信息参考，为消费者提供网络购物便利。

对于快消品制造商而言，产品的管理一直是企业比较头疼的主要问题之一，尤其是对于那些产品数量大、分类广的制造商，要经常面对产品管理逻辑复杂、产品管理角度与客户不一致、分销情况记录不清晰、信息维护复杂、产品属性难以获取等问题，而利用中国商品信息服务平台，可以有效实现产品信息的有效管理和同步。

宝洁集团由于产品数量巨大，同样遇到了产品信息难以及时同步的问题，在使用中国 GDSN 后，数据池与宝洁 SAP 系统（SAP 系统是当前最具影响力之一的，代表智能性、先进性、可持续性的企业管理系统）对接，保证了系统的及时性与准确性，规避宝洁自身的信息管理逻辑，采用标准、通用以"条码"为核心的数据管理模型，及时发现数据质量所产生的问题，屏蔽后续风险。有效实现了新品信息同步、产品信息修改、产品强制解冻、价格同步、产品状态同步与配额信息同步，为宝洁集团的数字化管理带来了巨大的收益。该集团自 2012 年起一直通过中国商品信息服务平台实现其产品信息管理与同步。

目前，我国已依托覆盖全球的国际数据池网络，推动商品主数据的共享与应用，逐渐从传统快消品向家居建材、医疗器械行业拓展，服务用户多达 5 000 多家大中型零供企业。

自 2016 年开始，沃尔玛（Walmart）就已同中国数据池合作，共同推动国内数据同步的发展，为供应商和零售商创造共同价值。2017年 9 月 13 日，其向所有沃尔玛中国供应商正式发出了全球数据同步网络（GDSN）的通知，强调 2017 年 12 月底前完成 80% 中国供应商通过

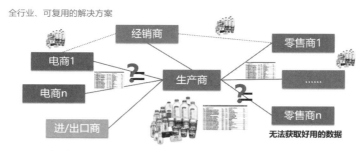

全行业、可复用的解决方案

经销商　　电商1　　电商n　　生产商　　进/出口商　　零售商1　　......　　零售商n　　无法获取好用的数据

　　商品数据同步（GDS）是由国际物品编码组织（GS1）和国际商业倡议联盟（GCI）为整合供应链中全球商品数据而提出的数据管理理念，遵循商品条码、数据属性、数据质量、数据交换等国际标准，能有效帮助零供企业实时交换准确的商品数据，保证供应链中供货、物流、销售、结算等各环节商品数据的高度一致，从而提高企业效率和效益。

GDSN 平台开展数据同步，2018 年中前完成所有中国供应商的转换（鲜食和散装食品除外）。通过几年的合作，沃尔玛公司进一步提升端对端的商品运转和供应链效率，缩短新品的上架周期。

　　由于数据的正确性，实现订单的追踪也简单许多。当进行到 RFID 射频识别系统的供应链方案时，数据的正确与一致性，更显得十分重要。因而，通过全球数据同步工作，供货商也会获益颇多。首先，新商品数据建设维护由 10～30 天降至 1～2 天；其次，订单的正确率上升，错误率降低，存货不足的情形减少，上架速度更快。

　　京东于 2021 年 7 月上线新版商品标品库，通过与编码中心进行数据对接，帮助商家通过商品条码预填部分商品属性信息，解决了商家在发品时商品信息填写困扰，提升新品发布时效。9 月 16 日，京东正式发布商品条码（GTIN）快速发品功能类目覆盖公告，要求京东 POP（入驻）商家和自营商家进行新品发布时，须填写商品条码（GTIN），方可进入到新的发品页面，涉及类目主要包括食品饮料、个人护理、家庭清洁／纸品、母婴、生鲜、酒类、美妆护肤、电脑／办公、数码、家用电器、手机通讯等。目前，京东正在逐步开放通过商品条码（GTIN）进行快速发品功能的其他类目。京东作为中国物品编码中心的战略合作伙伴，已与中国商品信息服务平台商品基础数据实现"一键式"互联互通。

商品条码(GTIN)快速发品功能—类目覆盖公告！

京东商品平台

尊敬的商家朋友，为了解决您在发品时商品信息填写困扰，京东已于7月初上线新版商品标品库，届时可通过商品条码　　　，系统将自动为商家预填部分商品属性信息，帮助商家在商品发布上提升发布时效。

下面分为三个部分进行说明：一、覆盖范围；二、功能介绍；三、重要说明。

一、覆盖范围：

按末级类目逐步开放，当前涉及如下**类目**：

食品饮料、个人护理、家庭清洁/纸品、母婴、生鲜、酒类、美妆护肤、电脑/办公、数码、家用电器、手机通讯等

目前类目正在逐渐开放中……

适用：**新品发布（不影响已上柜商品）**

京东商品平台关于 GTIN 快速发品的公告

在数据资源建设方面，我国物品编码领域除了紧抓商品数据质量外，还加强了进口商品数据的采集工作。相较于国内商品，进口商品流转过程更复杂，因此规范进口商品数据通报流程就更加重要。

自 2018 年我国开展进口商品数据采集工作以来，到目前为止，进口数据业务已经形成了较为完整的工作流程，成为我国物品编码的日常工作。在实现数据快速增长的同时，这项工作也逐渐得到了社会公众的认可。

此外，依托资源优势，我国还打造了多层次、多领域、可追溯、重实

用的多个平台，如依照国际物品编码协会的 GS1 数据池国际标准构建的"中国商品信息服务平台"，集产品管理与数据服务于一体。

物品编码与条码不再是单独的条和数的组合，而是更加数字化、云端化的信息载体。可以预见，标准化商品信息资源必将为数字化、智能化时代中带来一场深刻的商业和信息革命。

第四节　消费者享购物福音

在日常生活中，人们已经习惯了快捷、便利的购物方式。无论是在超市、商场，还是在电商平台，商品条码都已经成为一种提升经营效率和购物体验的重要工具。如今，商品条码的应用领域已经涉及我们生活的方方面面，消费者正享受着由使用商品条码带来的移动支付、货比三家、正本溯源、快递跟踪等购物福音。

消费者用手机 APP 扫描商品条码获取商品信息

商品条码在电商发展中发挥着提高企业管理水平、降低物流供应链成本、打造高效便捷购物环境、促进电子商务行业健康可持续发展等作用，成为电商行业健康发展的重要保障。应用商品条码后，商品在物流、仓储、发货、收货、售后等环节的效率与准确性均带得到明显的改善。而消费者也得到了更多的"知情权"，只需要动动手指扫描一下，或者输入相应的单号，在电商平台中所购物品是否已发货、从哪个仓库发货以及物流踪迹，都可以了如指掌。

自从有了商品条码，在繁忙的仓储管理中，乱中出错的事故数大大降低。物流分拨中心或仓库可以直接通过商品条码进行数据采集，快速、准确的识别货品、货箱、位置等信息，节省人力、提高效率，减少了手工操作的出错率。发货时，使用商品条码可实现货物管理的优化，并提高作业效率，节省商品准备、出库确认的时间，确保商品在各个环节信息及时准确的记录，直接将配送中心的竞争力提升到最上限。收货过程中，因为有了统一的商品条码，消费者可以随时查询商品的准确信息，再也不用担心货物出问题了。在商品完成销售后，电商平台利用商品条码管理商品可以建立一个更合理的商品销售结构，既能将商品库存量降至最低，又方便了企业快速解决售后服务问题与对商品的动态监控，最大限度提高顾客满意度。

这些举措都确保了消费者可以及时收到自己订购的货物。对于消费者来说，通过扫描商品条码获取产品信息，让网购变得更安心、放心、贴心。

与此同时，消费者通过电子商务平台进行在线交易时，除了关注企业商品种类、卖家服务态度、物流质量外，越来越重视产品整个供应链的动态信息。而在以商品条码为基础建立的追溯系统中，消费者所关心的产品成分、来源、加工企业、质量认证等产品生产过程中各个环节的信息都清晰可见。追溯信息公开，交易过程透明，既能让消费者切实体验到安心、便捷的网上购物，又能有效杜绝网络售假。而在食品、药品追溯等领域，条码也发挥着极其重要的作用，为我们的生命健康和安全保驾护航。

2012 年，谷歌在美国市场做的一项调研显示，消费者在购物前或购物进行中会上网对产品进行研究，超过 50% 的购物会被这种行为影响，且这种比例

京东 App 首页的条码扫描——"扫啊扫"功能

正在逐年上升；96% 的智能手机用户曾经使用手机对商品进行查询；74% 的消费者曾经根据手机查询的结果进行购物决策。在我国，目前可以支持商品条码识读的应用软件就达到上百个，主要面向电商应用和大众生活服务，除此之外还有一些品牌和社交应用。其中一些具有较大规模的应用软件已经形成了千万级甚至亿级用户量，每天的扫描量或达到千万次级。

通过移动应用 App，消费者可以通过以手机为代表的移动设备对商品条码的识读，从而获得有关产品的信息。在这个模式中，商品条码一方面继续发挥物品唯一编码的作用，实现真实物品在网络中的标识，关联大量的网络资源信息；另一方面，依靠标准化的符号供全球手机用户和消费

者直接高效、准确识读。近年来，条码的手机应用促进移动购物，O2O（Online To Offline，线上线下协同），生活服务等大量业务模式日益发展和普及。

而对于一些精打细算的消费者来说，除了优惠券之外，还有一个省钱"秘籍"也与条码有关。只需在手机里安装一个扫描条码的应用软件，通过手机扫描商品条码，就可以轻松地看到同一种商品在各大超市中的价格及其他信息，而电商平台上亦可以通过相应的比价工具，借助扫描条码实现比价。在哪里买更划算，消费者完全可以做到心中有数。一项截至 2015 年 5 月的统计数据显示，使用过条码扫描软件中的一种——"我查查"软件的用户近 2 亿人次，遍布全国 400 多个城市，而扫描次数也达到每天 500 万次。消费者通过扫描条码"货比三家"，商家不断提高商品价格透明度，市场在越发趋于良性竞争的环境中不断放利，可以说是一举多得的好事。至此，早在 2008 年中国物品编码中心主持开展的移动商务领域商品条码应用的前瞻性研究成果终于在市场中显露端倪。

中国物品编码中心与微信合作，推出了条码产品展示等功能，借助微信"扫一扫"，向消费者展示数字化商品信息，并通过商品二维码，将消费者引流至各大电商平台，目前消费者日均扫码量约 800 万次。

通过扫描二维码等形式的移动支付进行交易，也让消费者享受了以往没有的便捷。不需要找零，不需要排队等待，效率得到了

微信扫码显示产品信息

提升。同时，通过参与支付平台的活动，一些消费红利也能立即享受。2020年受新冠肺炎疫情影响，为提振经济，促进消费，我国许多地区都推出了"消费券"红利。而这些"消费券"，一般也是通过电商平台或支付平台，以二维码的形式呈现。使用"消费券"时，仅需要扫码扣减，轻松便捷，让消费者享受到了切实的好处。而应用条码技术的这种数字消费券，也是这场疫情大考数字化技术应用的一个缩影。在数字化变革的新机遇下，条码技术将有着更为广阔的应用前景。

北京消费券

从 2020 年 6 月 6 日起至"十一"黄金周，北京发放122亿元消费券，此次消费季覆盖餐饮、购物、文化、旅游、休闲、娱乐、教育、体育、健身、出行等十大领域，囊括400多项重点活动

可以说，在电子商务产业迅猛发展的今天，广阔的市场空间与巨大的变革潜能，给未来生活留下了无限可能。随着商品条码、位置码、物流码等 GS1 全球统一编码标识系统的应用，以及它们与消费者之间通过大数据的千丝万缕的关联，一个崭新的购物时代已势不可挡地来临。消费者在品尝变革果实的同时，也享受了条码带来的购物福音。

第五节　快速通"关"：让商品信息活起来

随着我国经济社会的发展、我国人均可支配收入的提升，人们的消费结构不断升级，出行和旅游成为人们日常生活的重要组成部分。以航空出行为例，有数据显示，未来十年，机场的旅客吞吐量将成倍增长。届时，如果依旧使用传统的检票通关方式，旅客将花大量的时间在排队上，安检工作也将面临巨大的挑战。与此同时，大量的旅客通行也将给机场一线操作人员提出更高的要求，相应的人员需求和费用也将成倍增加。那么，如何才能缓解这种局面呢？简化流程，加快旅客的检票、通关速度，无疑是减少机场等交通枢纽站拥堵的一个有效途径。

如今，条码技术在电子票证管理系统中的应用也越来越广泛。比如，在很多旅游风景区，只要网上预约购买门票就可以凭借条码（包括一维条码和二维码）快速进入景区；购买铁路、公路、航空客票的旅客，也可以不再打印纸质票据，只需要电子票证上面的条码或身份证，就可以快速通过闸机。

高效率、低成本是条码技术在票务管理系统应用中的显著特点，可以让用户真正告别手工售票的烦琐、低效率。这种与条码技术相结合的电子票务系统，采用先进的电子条码制作识别技术和计算机票务信息管理相结合，使传统手工售票工作电子化，同时实现票务管理工作走向全面自动化、规范化，能够从根本上解决票据查询难、售票劳动强度大的现状，提高票据管理效率和对客户的服务质量。此外，人、证、票三合一的通行方式，亦在乘客、旅客实名制身份核验领域得到广泛使用。这些与条码关联的票据系统，让我们的生活越来越便捷。

在与个人生活息息相关的方面，应用条码技术实现票、证合一、快速通"关"已经不再是新鲜事。在企业的日常工作中，条码技术助力外贸通关再提速，亦成为这两年条码助力通关的大事件。

机场应用的手机二维码登机牌（图片来源于网络）

近年来，消费升级的市场需求让跨境进口商品成为更多人的选择，世界对中国的印象已经从"中国制造卖全球"转变成"中国市场买全球"。这其中的主力群体就是中产群体，数据表明，中国目前有 4.5 亿名中产群体，而这个群体还将继续扩大。磅礴增长的进口商品需求也给进口企业、电商企业、大众消费者和政府都带来了进口商品数据方面的难题。

2018 年 7 月 1 日，国务院较大范围下调日用消费品进口关税，服装鞋帽、家电、食品、化妆品等进口关税税率均有不同幅度下调，相应商品的进口量大幅增加。如何更快、更好地通关？商品条码管理提供了一条新的途径。

为更好满足我国人民日益增长的美好生活需要及多样化的消费需求，配合相关政策实施，也是在 2018 年 7 月，中国物品编码中心与海关签署战略合作协议，双方共同推动商品条码在通关环节的应用，并建立进口商品资源的协同共享模式，建立了数据交互验证传输机制，提供进出口商品源头数据共享，完成 1 000 多万条进口商品数据同步应用，实现了以条码信息为基础的数字化监管。同时，双方推动商品条码在"中国国际贸易单一窗口"的应用，形成了"条码申报"的雏形。这些举措，都为日后进口商在进行通关报关时提供了便利。通过输入条码，相关商品申报要素自动反填，提高进口报关单填制的规范性、准确性，提升通关效率。届时，商品一经发出，国内便已完成预报关，商品还在途中时，目的国便已完成预清关。随后，海关总署选取部分进口商品引导企业先行应用"条码申报"，并在南京海关率先试行。

GS1 数据标准助力海关智慧监管

所谓的"条码申报"，就是通过建设条码信息数据库，覆盖原料构成、品牌、规格型号、原产地、用途等多维度商品信息，企业在进出口有条码信息的商品时，只需在"单一窗口"系统中申报商品条码即可自动识别商品，实现对归类、原产地、规格等申报要素的自动采集。在这个过程中，中国物品编码中心作为统一组织、协调、管理我国物品编码与自动识别技术的专门机构，支持进口商登录中国商品信息服务平台（www.gds.org.cn）提交进口商品数据，基于商品条码和国际标准属性维护商品信息，经过全球条码验证与数据准确性校验后，形成标准化商品数据同步至海关系统，作为商品申报信息的重要参考和补充，为申报信息的智能辅助发挥作用，助力进口商品快速通关。

　　进口商品具有供应链链条长、参与企业多等特点。数据显示，在进口商品的报关工作中，逾 90% 的商品由报关服务企业代理报关，而非进口商自身操作，加之入关、管理、销售等需要，进口商往往对接多个不同的报关代理公司，导致商品数据不断重复整理与维护，频繁产生数据差错，进而产生申报不准确、增加审查风险、影响通关效率等一系列影响。

　　而标准化的商品信息则是解决上述问题的有效措施。商品条码作为全球通用的商品"身份证"，是商品终身不变的统一编码，其应用遍及全球 150 个国家和地区，企业用户达 200 多万家，覆盖快速消费品、医疗保健、建材、服装、图书音像等 20 多个行业。可以说，大众日用消费品均带有商品条码，在实现商品条码申报方面具有先天优势。

　　2019 年 8 月 1 日，全国"单一窗口"商品条码申报功能正式启用，企业可通过商品条码申报实现报关单部分申报信息的智能辅助填制，该功能改变了原始的手工填报，实现商品申报要素的"秒录入"，大大减轻了企业数据录入工作量，提高通关效率。

海关的"条码辅助申报系统"

"以前报关是手工录入，录入后还需要人工复核，费时费力。现在，借助"条码申报"辅助系统，只要扫描商品条码或输入商品条码号，所有的商品信息自动返填，借助批量导入功能，还可以实现多条电子数据的集中申报，报关效率大大提高。"一家出口企业的关务人员感叹道。如今，作为全国海关通关一体化改革中的一种新型辅助管理模式，进出口商品条码"凭码申报"，为企业提供方便快捷的申报方式，跨越原始的手工填报，实现智能辅助的"秒录入"。这一举措，将提升进口申报的智能化与规范化水平，助力进口商品通关效率的提升。

对于海关来说，快速准确识别商品的条码申报，有利于执法统一，促进贸易便利；对于企业来说，使用"单一窗口"商品条码申报，有助于进一步便利企业申报、提高申报准确性、提高通关效率，进而提升企业信用水平。

截至 2020 年年底，进口商品数据已累积 18.3 万条；覆盖 126 个国家和地区，涵盖酒类、乳制品、化妆品、电子产品等热点门类。

2019 年，海关设立署级科研项目，以"商品条码"为索引，建立海关"跨境电商"税收风险防控知识图谱；2021 年，海关总署将商品条码在跨境电商领域的应用和实施纳入研究课题。

目前，带有 13 位数字条码的进出口商品均可通过条码辅助申报系统完成快捷通关。相信，随着条码备案数据的不断完善，"条码申报"的应用范围也将进一步扩大，"扫码"通关不仅成了现实，还将持续不断地为外贸企业带来意想不到的便捷。

进口商品数据服务不仅可以帮助零售商进行条码合规性检查、过滤掉条码过期的问题产品，还已成为提升供应商品牌影响力、进行宣传营销的一大利器。2020 年，通过与海关"进口食品化妆品进出口商备案系统"中已备案的 5 万多家境内进口商进行了数据匹配，预计未来，这一数据将持续增长。

在条码的加持下，贸易通关将更加快捷、便利。而随着更多新技术的应用，条码技术在助力商品快速通关等方面，也展露出越来越智能、便捷的优势。尤其是随着以商品条码信息为基础的数字化监管逐渐建立，商品条码信息将真正"活起来"。"读码时代"，条码又为我们的便捷生活插上了一对翅膀。

本章科普窗口

▶ 条码可以有效防伪吗？

目前，我国物品编码机构所掌握的商品条码数据已经和主流电商平台，如淘宝、天猫、京东、美团、拼多多等达成数据交互协议，用来核验这些电商平台上的商品信息准确性，这是创新性地使用商品条码进行防伪。

相较于商品条码在电商平台上的防伪能力，在线下零售商超中，商品条码并不具备防伪功能。线下防伪多依靠二维码为手段，消费者只需要扫描商品上的防伪二维码，并按照流程操作，即可立即获得防伪信息，使用起来方便、快捷。商品条码和二维码相结合使用，可以有效解决线上线下的防伪需求。

第六章

二维码与智能手机的完美结合

第一节　二维码：不止多一个维度

随着条码技术的进一步发展，人们又研发了二维码等相关新技术。二维码在我国发展非常迅速，我们在日常生活中使用的火车票、优惠券等已经广泛使用二维码。

火车票应用二维码

二维条码，又称二维码，是指能够在两个方向上承载信息的条码符号。其与一维条码的不同之处，简单来说，就是一维条码重在"标识"，二维码重在"描述"。一维条码的符号只在单一方向上承载信息，信息容量有限，仅能对"物品"进行标识，而不实现对"物品"的描述。作为一维码的衍生技术，二维码除了具有一维码的制作方便、价格低廉特点外，还具有信息容量大，信息密度高，能够标识中文，图像等多种信息，保密防伪性强等优点。它不仅能在很小的面积内表达大量的信息，而且能够表达汉字和存储图像。同时，二维码可以引入纠错机制，具有恢复错误的能力，从而大大提高了二维码的可靠性。二维码降低了对于网络和数据库的依赖，凭借图案本身就可以起到数据通信的作用，可谓"便携式纸面数据库"。目前，主流的二维码有 417 条码（PDF417）、快速响应矩阵码（QR）、数据矩阵码（Data Matrix）、汉信码（Han Xin Code）等多种二维码码制。

几种二维码形态

汉信码攻克了二维码码图设计、汉字编码方案、纠错编译码算法、符号识读与畸变矫正等关键技术，研制的汉信码具有抗畸变、抗污损能力强，信息容量高等特点，其中在汉字表示方面，支持 GB 18030 大字符集，汉字表示信息效率高，达到了国际领先水平

20 世纪 80 年代开始，随着一维条码的广泛应用，人们越来越依赖条码技术的同时，对条码技术的要求越来越高。一维条码符号只在单一方向上承载信息，信息容量有限，能够支持的编码字符种类有限，仅能对"物品"进行标识，而不能实现对"物品"的描述。为解决一维条码信息容量不高等问题，众多研发人员和技术厂商投入到条码技术创新中，希望在同样大小的条码符号中，能够容纳更多的信息，一维条码与条垂直的方向上

信息容量提高能力有限，大家不约而同想到了在条码条平行方向上做文章，二维码或称二维码技术就此应运而生。

20 世纪 80 年代中期，出现了行排式二维码。行排式二维码的构思方法非常简单，其原理与一维条码相同，行排式二维码和一维条码的编码基本单元，都是深浅相间的条或空（Bar and Space），一般来说，信息采集部分是采用线阵式光电转换器实现的，识读还是可以用传统的一维条码识读器来进行识读。当时主要具有代表性的原始行排式二维码是 Code 49、Code 16K 等。Code 49 是 Intermec 公司的 David Allais 于 1987 年研发成功的。

Code 49

1989 年 Ted Williams 开发了 Code 16K，Williams 同时也是一维条码 Code128 的发明人，Code 16K 可视为由多行 Code128 的变体基础上发展起来的。

Code 16K

在行排式二维码发展的同时，另一种类型的二维码——矩阵式二维码也产生并发展起来。矩阵式二维码技术的产生和发展，是随着 CCD 等数字成像技术和器件的研发和商用化而发展起来的。矩阵式二维码的最基本信息承载单元是模块，与传统的条码条空不同，矩阵式二维码的模块一般是名义中心对称的，如正方形、六角形、圆形等，这些模块的深浅颜色分别定义为代表二进制 1 或二进制 0，在一个矩阵中按照特定的规则进行排列，就构成了一个承载信息的图形矩阵，因此称之为矩阵式二维码。矩阵式二维码的识读是通过面阵式 CCD 等数字图像采集技术采集整幅图像，通过矩阵式二维码的图形特征在图像中完成符号定位和信息译解等，最终还原矩阵式二维码的信息编码。常见的矩阵式二维码有：Data Matrix 码、QR 码等，目前这些码制在社会经济生活中较为常见。

Data Matrix 码 QR 码

矩阵式二维码摆脱了条、空组合的限制，基本信息编码单元更改为同样大小的正方形等形状的模块，极大提高了条码的信息容量。此外，由于矩阵式二维码采用的是图像识别技术，可以快速地用手机、闸机等电子设备的摄像头进行扫描、识别，因此矩阵式二维码应用越来越普遍。

进入 20 世纪 90 年代以后，二维码技术已快速发展成为一种非常重要的自动识别技术，在国外的物流、单证管理、汽车、航空航天等领域实现了大规模应用。而从 20 世纪 80 年代末二维码的发展不断成熟开始，一系列国际行业应用标准也随之诞生。几种具有国际标准的码制在二维码发展过程中占有重要地位。

几种具有国际标准的码制

码制	年份	主导者	变革	意义
Data Matrix 码	1988	Data Matrix 公司	发明	是极少数把卷积算法用于纠错的二维码，也是最早的二维码。但在发明早期，它还属于非公开码
	1995	Jason Le	改进	对 Data Matrix 码进行了改进，他把新的纠错算法用于 Data Matrix 码，具有更高的抗突发性错误的能力。
	1995	国际自动识别制造商协会（AIM）	标准	确定 Data Matrix 码为国际标准，其成为公开的二维码
		美国的机器人视觉系统公司（RVSI）	收购	收购 Data Matrix 公司，现在 Data Matrix 码的所有知识产权都归 RVSI 的一个子公司 CI Matrix 所有
Code 1	1992	Ted Williams	发明	最早作为国际标准的公开的二维码
Maxi code	1992	United Parcel Service 公司	UPS code	专门为邮件系统设计了专用的二维码，并研发出相关设备，此即 Maxicode 的前身
	1996	美国自动辨识协会（AIMUSA）	统一	制定统一的符号规格，称为 Maxicode。它是一种特殊的矩阵码，通常的矩阵码都是由正方形的小点阵组成，而 Maxicode 是由小的六角形组成
	1996	Symbol 公司	改进	开始用模糊算法对 Maxicode 进行图像处理
QR Code	1994	日本 Denso 公司	发明	最早可以对中文汉字进行编码的条码，但它的汉字编码功能不能满足我国日常应用的需求，只能编码基本字库中的 6768 个汉字，而国标 GB18030-2000 规定有 23940 个汉字码位

二维码的发明主要集中在 20 世纪 80 年代中期到 90 年代初，受编码效率及图像处理等因素的制约，早期的识读器性能较差、价格昂贵，二维码的应用发展速度也相对缓慢。

进入 21 世纪以来，随着移动通信、移动计算技术的发展，移动设备，特别是手机的计算、存储能力越来越强，移动商务的热潮逐渐席卷全球，二维码作为一种信息容量大、应用方便的数据载体，受到人们的广泛关注。

最早的二维码移动应用起步于日本。经过十多年的发展，移动商务领域中的二维码应用已经渐趋成熟，形成了手机主读和手机被读两种工作模式。手机主读模式主要利用手机摄像头作为数据采集装置，扫描二维码获取网址或接入服务地址；手机被读业务是利用手机屏幕作为二维码的信息载体，并通过专用二维码识读器识读手机二维码，从而获得服务凭证。

在日本和韩国，二维码的上述应用早已进入主流大众生活，特别是日本，几乎所有的商品、出版物、广告等物品上，都具有二维码标识供人使用手机识读。

近年来，以二维码为媒介的移动商务在中国、美国和欧洲发生暴发式的增长。与日韩一样，在各种商品、出版物上附着二维码成为世界上许多地方流行的时尚。二维码作为一种信息容量大、应用方便的数据载体受到人们的广泛关注，采用二维码作为产品、商品的第二标识的应用越来越广泛。消费者、最终用户通过扫描产品上的二维码，可以直接获得产品的附加信息，或通过上网，访问相关产品、企业网页获取相关信息。目前，在国际主流的 iPhone 平台和 Android 平台上，具有二维码识读功能的软件达到了数百款，某些热门软件下载量年增长率达到了 300%，以 Scanbuy 为代表的专注于二维码手机应用的技术厂商开始成批涌现，并获得了数千万美元的投资，二维码技术的创新方兴未艾，Snapchat、Messenger 等社交媒体软件都推出了该公司应用的特种二维码。

如今，二维码应用十分普及，不仅是企业使用普遍，就连个人信息应用上也有很多有趣的案例。比如一对加拿大的农民夫妇，他们突发奇想地将自家农场的玉米地改造成二维码的形状。二维码中包含的信息是农场的网站，如果有人在乘飞机路过时候拿手机对着这块地一扫，就可以自动跳转到这个网站。而这块二维码玉米地已成功载入吉尼斯世界纪录，成为世界上最大的、可使用的二维码。

玉米地二维码

该农场主在接受采访时表示："为了申请吉尼斯世界纪录，我们要准备很多琐碎的资料。在公布结果之前，我们一直很忐忑。但是最终结果出来的时候，我们真的很兴奋。"

在实际生活应用中，例如微信、支付宝等多以 QR 码为主。QR 码采用图像识别技术，只需保证前景色为深色、背景色为浅色，就可以有更多的颜色可选择。想要了解 QR 码的扫描原理，首先需要了解 QR 码的结构。QR 码由探测图形、分隔符、定位图形和数据和纠错码字等在内的功能图形组成，由于二维码具有冗余性（人为地添加重复信息），只要不遮盖探测图形，即使遮盖部分数据和纠错码字区域，也可通过剩余部分进行数据识读，这就是二维码具有纠错性和抗污损和畸变的原因。由于 QR 具有这些特性，就给了个性化二维码的发展空间。例如在微信添加好友时，二维码上会有微信头像，或者在景区扫描二维码时，二维码上会有景区的 Logo 图案，这些图案是否有特殊含义呢？其实，这个图案对于二维码的识别并没有任何作用，只是为了"美观"，但也不会影响图像的识别。值得注意的是，虽然一些二维码变换了形态，不再是所谓的"正方形"，但是二维码的码制仍是常见的 Data Matrix 码或 QR 码，只不过是在扫描时会进行图像纠错处理，从而读取完整的信息。

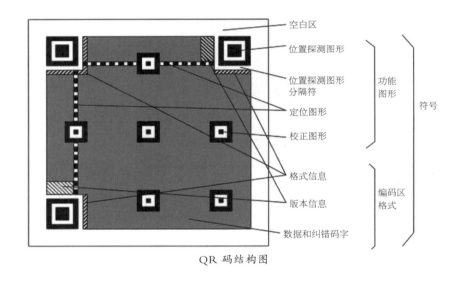

QR 码结构图

进入 20 世纪 80 年代以来，人们围绕如何提高条码符号的信息密度进行研究，多维条码和集装箱条码成为研究与应用的方向。信息密度是描述条码符号的一个重要参数，即单位长度中可能编写的字母个数，128 码和 93 码就是人们为提高密度而进行的成功的尝试，这两种码的符号密度均比 39 码高将近 30%。随着条码技术的发展和码制的种类不断增加，先后制定了军用标准 1189；交插 25 码、39 码和 Coda　Bar 码 ANSI 标准 MH10.8M 等。同时，一些行业也开始建立行业标准，以适应发展的需要。此后，戴维·阿利尔又研制出 49 码。这是一种非传统的条码符号，它比以往的条码符号具有更高的密度。特德·威廉姆斯（Ted　Williams）在 1988 年推出 16K 码，该码的结构类似于 49 码，是一种比较新型的码制，适用于激光系统。

随着移动互联网的快速发展和智能手机的更新迭代，我国也出现了众多二维码软件服务于消费者和企业，在标签类、凭证类等业务开展方面收获很好的效果，给人们的工作和生活带来了巨大变革。

以食品溯源为例，食品生产源为食品分配溯源二维码，食品生产商与质量认证机构分别为每种食品录入详细信息、认证状况等，并与分配的二维码进行关联。消费者购买食品时，只需要手机扫码就可以随时随地对产品信息进行查询。目前，这种应用在超市里随处可见，不仅给我们的生活带来可以看得见、查得着的安全、新鲜的食品，更为我们提供了一个继门户网站、搜索引擎之外的另一个重要"入口"。

此外，在凭证类的二维码应用场景中，其主要用于替代产品或服务的使用凭证或者优惠凭证中。以上海翼码公司为例，其占有最大的市场份额和产业优势，拥有包括中国移动、各大银行在内的众多重量级合作伙伴，涉足 O2O 的各个领域。而二维码则帮助其快速打通线上和线下的鸿沟，成为当前最恰当、最稳健、最集约的一种方式。可以肯定地说，二维码的应用，为 O2O 行业的发展带来了革命性的变革和提升。

而在一些景区，我们也随处可见二维码标识。不仅是进景区大门的二维码电子门票让人们享受到切实的便捷，步入景区后的二维码语音讲解更是给人们不同以往的参观体验。

二维码的应用，似乎一夜之间渗透到我们生活的方方面面……随着国内物联网产业的蓬勃发展，定将有更多的二维码技术应用解决方案问世，并应用到日常生活中来。届时，二维码成为移动互联网的一个新"入口"也将成为现实。

第二节　二维码融入人手一机

2019年被称为5G产业化元年，受益于国内元器件国产化推动进度加速，相关企业加大研发投入力度，积极布局。据赛迪发布的《5G产业发展白皮书（2020）》显示，2019年，中国5G通信产业结构中基础器件层规模达到1 005.8亿元，占比达到44.7%；其次是以运营商为主导的运维服务层和以落地为目标的场景应用层，分别达到了686.3亿元，占比30.5%。

自20世纪80年代初引入1G以来，大约每10年就会发布一种新的无线移动通信技术。事实上，所有这些都是指移动运营商和设备本身使用的技术。1G是模拟技术，使用它的手机电池寿命和语音质量差，安全性差，并且容易掉线；1G升级到2G时，手机首次进行了重大升级，1991年芬兰开始使用GSM网络，有效地将手机从模拟通信转移到数字通信；1998年推出的3G网络带来了更快的数据传输速度，可以实现视频通话和移动互联网接入，而"移动宽带"一词也首先应用于3G蜂窝技术；2008年发布的4G，可以满足游戏服务、高清移动电视、视频会议等需要高速网络的功能。它们具有不同的速度和功能，可以改进上一代产品。

如今，5G 环境带来了更加快速、更加全面覆盖的连接，将推动医疗、教育、人工智能、物联网等发展，新一轮产业变革也随之而来。在这场变革中，工业经济时代的产业运行体系正发生根本性变革，资源配置、创新协作、生产组织、商业运营等方式加快转变。而作为移动终端的智能手机，也将深度参与其中，一个首要的表现就是其要处理的任务和数据量激增。

事实上，近十年来，通过智能手机这个终端载体，移动支付、智能互联已极大地改变了人们的生活。如今，出门不用带钱包、不需要随身携带公交卡，只要带上一部智能手机就可以满足日常生活所需。商品二维码使商品与互联网深度融合，大大便利了人们的生活。而实现种种便利离不开条码尤其是二维码的加持。可以说，与条码（自动识别技术）的结合使智能手机在人们的生活中充当着越来越重要的角色，而智能手机则让条码应用场景有了更多可能。

回顾我国二维码移动商务的应用探索，还要从 21 世纪初期谈起。当时，日、韩等国已经在一些场景中成功应用了手机二维码，短短几年就迎来了二维码应用的大爆发。数据显示，2006 年，日本使用手机二维码的用户就已经达到 6 000 万名，在街头随处可见标有二维码的商品、广告、电影票、优惠券，其流行和普及程度可见一斑。

商品二维码应用——扫码页面

二维码在日、韩兴起之初，我国二维码企业便开始将其商业模式引入国内，他们的相关工作吸引了包括中国移动等移动运营商在内的业界关注与参与以及风险资金的投入。相关单位还制定发布了最早的二维码移动商务应用系列企业标准，并在2006—2007年掀起了第一轮二维码移动商务应用热潮。

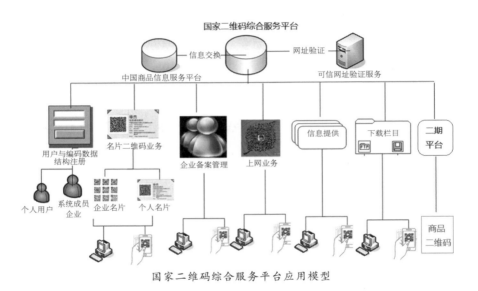

国家二维码综合服务平台应用模型

但在2008年，受多种因素影响，这轮热潮渐趋沉寂。除了世界金融危机以及用户接受度不高、移动推进力度有限等问题之外，当时手机平台的不统一、智能化程度不高、手机摄像头配置不高、厂商技术水平不高等因素，是造成手机主读业务发展停滞的主要技术因素。此外，由于当时的手机主读应用没有一个成熟的盈利模式，使得手机主读业务发展后续乏力。但手机被读业务却异军突起。由于应用方式简便，对手机要求不高，被读业务又主要依托已成熟的二维码识读设备方面等优势，在手机优惠券、手机票据等方面发展势头良好，同时，由于手机被读业务的盈利点主要在识读设备方面，有较成熟的盈利模式，因此，发展较为稳定。

从智能手机终端来看，2007 年，第一代 iPhone 发布；2008 年 7 月 11 日，苹果公司推出 iPhone 3G。自此，智能手机的发展开启了新的时代，移动商务、移动服务领域的发展有了新的变化。此后，随着智能手机软硬件平台的发展成熟，困扰条码手机应用多年的软硬件平台不统一、缺乏二维码识读软件的问题已经得到解决，经过多年的培育与发展，形成了一批了解二维码技术与应用的企业。在中国，也出现了一批如我查查、灵动快拍等专门从事条码、二维码移动商务应用的公司。特别是在 2012 年，二维码作为手机上网入口的概念被广泛接受，腾讯、阿里巴巴、百度等互联网巨头开始在二维码上投入巨额资源进行研发和推广。此后，二维码，特别是采用 QR 码的二维码广告与标志随处可见，大众对于二维码，特别是手机二维码的认知逐渐成熟，二维码移动商务应用正在走出市场培育期，开始迎来发展的拐点。

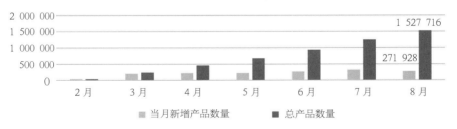

2020 年前 8 个月，商品二维码激活产品数量。截至 8 月底，共 152 万条

近几年来，随着移动互联网与手机技术的飞速发展，我国二维码移动商务应用发展非常快速，在扫码上网、优惠券、扫码接入服务等领域逐渐成为主流。这些新兴的移动二维码应用，主要以手机为信息载体，或者以

扫描二维码可获取更详细的信息（中国编码 App）

手机作为数据采集工具，只需要用手机"扫一扫"，通过特定的移动应用程序即可读取或实现指令，这种应用模式与传统的二维码应用已经完全不同。

如今，在信息采集、二维码名片、票务管理等方面，移动二维码业务已经非常成熟。试想一个商务人士，不需要携带任何纸质资料，仅通过手机识读条码或手机二维码，就能实现信息传递功能，这将为其日常工作、生活带来多少便利。比如，现在广泛使用的二维码名片，只需要通过手机扫码就可以将对方的姓名、公司、联系方式等信息存入手机电话簿中；乘坐飞机，不用换取纸质登机牌，只需要扫描手机上的二维码，即可登机；到景区参观游览，无须排队购票，只要出示提前预约购票的二维码凭证，就能快速进入……

而当前发展最为迅猛的，要数与我们生活密切相关的移动服务接入应用。通过打开手机上的应用程序，实现扫码接入微信、微博、移动地图、移动支付等移动应用系统，并通过与手机用户的互动完成相关服务。近年来，随着腾讯、阿里巴巴等公司将二维码应用到移动支付中，扫描二维码收款、付款业务已经广为消费者接受。简单、便捷的操作也改变了人们的生活习惯，越来越多的人出门不带现金，呈现了"一机在手任我行"的局面。与此同时，通过智能手机与二维码的结合，消费者购买商品进行追踪溯源也更加方便。消费者只需用手机一扫，除了获得二维码中存储的追溯信息之外，还能够通过追溯平台获得产品从生产到销售的所有流程。

通过"扫一扫"二维码，不仅可以实现上述功能，以及添加好友、下载软件等常见应用功能，还可以实现更为复杂的互动交流，从而参与到媒体直播等环节中去。可以说，因为智能手机和二维码的结合，许多行业已经发生了前所未有的巨变，从单向的输出到多元的流通与互动，从不同信息载体之间的界限分明到打破"次元"的时空重构……"码上时代"，未来已来。

此外，移动二维码应用的发展也非常快速，不同类型的应用也在相互融合，移动二维码正在成为移动商务创新的新兴热点。随着移动二维码的发展，传统行业对二维码技术也越来越重视。物资管理、物流、军事、票据等行业纷纷采用二维码作为数据载体建立相关的信息系统。特别是传统的行业追溯领域，如烟草、酒类、电子、零部件制造等领域，已经大规模开始采用二维码作为产品追溯标识。

我国二维码行业和移动商务应用管理，必然不能脱离开二维码技术本身的特点以及目前国内外二维码技术与应用发展的现状、现存问题和未来发展趋势。通过管理、标准化与技术支撑等各种手段，我国二维码技术与应用发展逐渐从粗放、随意发展过渡到协调发展，为我国经济社会发展服务。

第三节　汉信码：中国人自己的二维码

我国手机二维码广泛应用的同时，也出现了一些二维码技术与应用发展过程中的问题。这些问题暴露出我国二维码发展缺乏自主码制技术、编码标识等系列二维码标准的缺陷。当此之时，建立可信二维码技术标准服务体系十分重要。与之配套，发明适合中国国情的二维码，并开发出价格低廉的识读器，对推动我国发展二维码技术应用与产业发展具有非常重要的现实意义。

早在20世纪90年代，中国物品编码中心就已率先在我国引进了二维码技术，并对几种常用的二维码技术规范进行了翻译和跟踪研究。在此前后，国内一批科技公司和研发单位也相继开始投入二维码技术研究。随着我国市场对二维码技术的需求与日俱增，中国物品编码中心对二维码技术的研究不断深入，并结合我国实际先后将美国的PDF417、日本的QR码码制转化为国家标准，解决了我国二维码技术开发无标准可循的问题。在产业应用方面，其又通过联合相关研究机构、企事业单位大力宣传推广二维码技术，建立试点，满足了我国各行业信息化建设对二维码技术的急需，同时也推进和带动了我国二维码技术产业的出现和二维码技术应用的起步。新大陆、南开戈德等我国第一批进行二维码技术研发与应用推广的企业成立并发展起来。

随着国外二维码码制在我国应用的不断扩展，人们发现PDF417、QR等国外码制没有考虑中国汉字编码，因而它们在国内使用时经常会出现中国汉字信息表示效率不高等问题。在技术创新方面，国外企业在二维码码制、设备以及相关商务应用中申请了众多的专利，如何规避相关知识产权纠纷，成为摆在我国二维码企业和应用方面前的问题。

　　2005年岁末，中国物品编码中心承担的国家"十五"重大科技专项——《二维码新码制开发与关键技术标准研究》取得突破性成果。中国物品编码中心牵头与我国网路畅想、意锐新创公司共同研发的汉信码码制，吹响了我国二维码技术自主创新的号角。汉信码是我国第一个制定了国家标准并且拥有自主知识产权的二维码。其中在汉字表示方面支持GB 18030《信息技术　中文编码字符集》大字符集，汉字表示信息效率高。可以说，汉信码的研制成功有利于打破国外公司在二维码生成与识读核心技术上的商业垄断，降低我国二维码技术的应用成本，推进二维码技术在我国的应用进程。

　　同年12月26日，由倪光南、何德全两位院士担任组长的专家组对《二维码新码制开发与关键技术标准研究》进行了鉴定，专家们一致认为：该课题攻克了二维码码图设计、汉字编码方案、纠错编译码算法、符号识读与畸变矫正等关键技术，研制的汉信码具有抗畸变、抗污损能力强，信息容量高等特点，达到了国际先进水平。专家们建议相关部门尽快将该课题的研究成果产业化，并积极组织试点及推广，同时建议将汉信码国家标准申报成为国际标准。

　　2006年，中国物品编码中心在《二维码新码制开发与关键技术标准研究》的基础上，向国家知识产权局申请了纠错编码方法、数据信息的编码方法、二维码编码的汉字信息压缩方法、生成二维码的方法《二维码符号转换为编码信息的方法》二维码图形畸变校正的方法等六项技术专利成果。6月12日，针对汉信码设备的开发召开了专家论证会，2006年6月29日正式立项。为了对汉信码生成与识读验证系统中的技术进行细化与考量，通过进一步的深入研究，将原有的编码算法、解码算法、识读算法、纠错算法进行设备化的改造和实现，通过设备研制过程解决新问题，发现新算法，整体提高汉信码生成和识读系统性能。通过多方合作解决了生成和识读系统的软硬件难题，研制成功可以生成和识读汉信码符号的系统与设备，并开展试点应用。

2007 年，《汉信码》国家标准（GB/T 21049）正式发布。2011 年，汉信码的相关标准成为 AIM 国际标准。

2021 年 8 月 27 日，国际标准化组织（ISO）和国际电工协会（IEC）正式发布汉信码 ISO/IEC 国际标准——ISO/IEC 20830:2021《信息技术 自动识别与数据采集技术 汉信码条码符号规范》。该国际标准是中国提出并主导制定的第一个二维码码制国际标准，是我国自动识别与数据采集技术发展的重大突破，填补了我国国际标准制修订领域的空白，彻底解决了我国二维码技术"卡脖子"的难题。

ISO 和 IEC 正式发布汉信码 ISO/IEC 国际标准

汉信码是一种矩阵式二维码，其符号呈正方形，由特定的功能图形和数据区域组成。汉信码利用位于符号四角位置的寻像图形完成快速定位、定向和符号尺寸判断。汉信码最大数据容量是 7 827 个数字，4 350 个 ASCII 字符，2 174 个常用汉字一区、二区汉字，1 044 个罕用的 4 字节中文汉字，以及 3 261 个二进制字节数据。汉信码还支持多种数据类型的混排。

汉信码的构成

汉信码技术研发成功后，中国物品编码中心郑重承诺汉信码的专利权免费使用，任何人都可以根据汉信码标准自主开发汉信码生成识读软件和设备，而无须向中国物品编码中心或任何其他机构及个人缴纳专利使用费。此举使汉信码成为我国第一个自主知识产权的公开二维码，也吸引了众多企业在汉信码上进行二次开发，诞生了一系列生成、识读设备和生成软件及控件商用化产品。至此，汉信码技术发展呈现出百花齐放、百家争鸣的良好局面。

为了有效推进汉信码的应用，中国物品编码中心联合业内企业在物流供应链、物资管理、教育等领域建立了多个汉信码应用试点。近年来，随着汉信码应用技术不断成熟，新的规模化汉信码应用系统与新的应用模式不断涌现。

以汉信码在物流作业中的应用为例，包括配送中心的订货、进货、存放、拣货、出库。在配送中心的进货验收作业中，当将标有汉信码的商品包装箱放在输送带上，并经过固定式汉信码扫描器的自动识别后，就可接受指令传送到存放位置附近；对整个托盘进货的商品，叉车驾驶员用手持式汉信码扫描器扫描外包装箱上的汉信码标签，利用计算机与射频数据通信系统，可将存放指令下载到叉车的终端机上。而在仓储配送作业中，由于大多数的储存货品都具备汉信码，所以用汉信码作自动识别与资料收集是最便宜、最方便的方式。商品汉信码上的资料经汉信码读取设备读取后，可迅速、正确、简单地将商品资料自动输入，从而达到自动化登录、控制、传递、沟通的目的。

汉信码在发票、水产品质量追溯等领域均得到了应用，且取得了良好的效果。

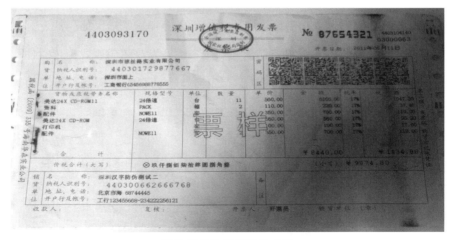

汉信码在票据领域的应用

汉信码在水产品质量追溯领域的应用

北京妇幼保健院采用汉信码进行新生儿疾病筛查管理，是汉信码技术应用在公共卫生领域一次全新的探索，通过汉信码采血卡，完成相关新生儿信息的采集和信息传递，从而提高了整个北京市新生儿疾病筛查系统的工作效率，节省了大量人力成本。

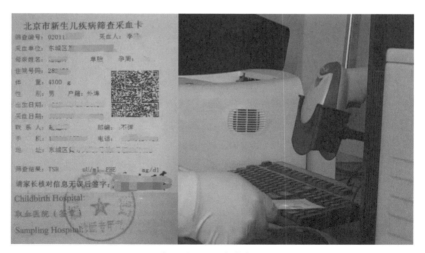

汉信码在新生儿疾病筛查里的应用

液化气瓶的安全关系千家万户，对过期液化气瓶的追踪和回收历来是监管部门的棘手难题。浙江省宁波市通过将所有的液化气瓶加装汉信码的

汉信码标识液化气瓶

使用汉信码标识的汽车零部件，从而使零部件终身携带自身质量信息

唯一标识身份证，跟踪省内几百万液化气瓶的位置和质量状况。老百姓可以通过扫码，查询自家液化气瓶的充气时间、保质期以及气瓶的生产日期、质量状况等。如果出现气瓶使用时间超过质保期，可及时报废更换，避免安全事故的发生。这一应用得到广大市民的大力支持。

2012年，重庆运用GS1物品编码规范和本体标识技术，采用汉信码，将汽车、摩托车发动机中的关键件、重要件的质量信息按照GS1编码规则编码后，用激光蚀刻技术在零部件本体上进行标识，从而使零部件终身携带自身质量信息。在零部件总装线上对关键件、重要件的质量信息与零部件总成进行绑定，通过扫描发动机总成上的汉信码，实现各关键、重要零部件的厂家、批次、序列号和生产日期等信息的呈现，从而达到精准追溯的目的。

重庆还推出了DB/T 525-2013《汽车零部件的统一编码与标识》和

DB/T 575—2014《摩托车零部件的统一编码与标识》两项地方标准。
2014年，利用汉信码进行汽摩零部件追溯在重庆力帆公司应用成熟并取得
效益后，在发动机零部件生产企业重庆帝瀚、重庆蓝黛、桂林福达、温州
瑞明等进行了推广应用。

　　汉信码这一先进技术早已走出实验室，在我国已经取得了众多的规模
化、国际化行业应用。汉信码技术应用领域包括制造业、特种设备管理、
物流供应链、医疗行业、各类票据等，开创和引领了相关行业的信息化管
理，展现出了强大的生命力。北洋、SATO等制造商的某些型号打印机能
够进行汉信码的打印输出；霍尼韦尔等国外识读设备制造商也都支持汉信
码识读。作为国内最早研发汉信码识读设备企业之一，我国识读设备制造
商新大陆相继推出十多款汉信码识读设备，并在2014年推出我国首款汉
信码译码芯片。汉信码译码芯片降低了识读设备的技术门槛和成本，能更
好地保证识读性能。具有自主知识产权的汉信码相关产品与设备的推出，
不仅打破了国外企业对二维码打印、识读等设备的价格垄断，还推动了国
内自动识别领域的产业链升级。

　　如今，汉信码技术已经成为物流现代化的一个重要组成部分。同时，
它还有力地促进了物流体系各环节作业的机械化、自动化，对物流各环节
的计算机管理起着基础性作用。汉信码在现代化物流管理中起着直接、高
效的信息媒体作用，它使现代化的管理和现代化的技术互相结合。可以
说，以汉信码技术的应用为基础的信息流将是未来信息技术的重要特征。

　　汉信码对移动识读技术的支持也正在逐步强化，多款汉信码识读软件
已经在各大软件市场上市应用，我查查等多款软件中都集成了汉信码识读
功能。随着应用越来越广泛，汉信码技术的优势也逐步为广大行业、企业

用户所知，越来越多的企业在产品上以及服务凭证上使用汉信码。可以说，从一维条码到二维码的跃升，不仅是物品编码技术的重大变革，更给人们生活带来了翻天覆地的变化，在人类历史上也助推着一个时代的跨越。而汉信码的研发成功则让中国人在物品编码技术的创新发展中实现了一次巨大跨越！

第四节　商品二维码：新一代商品标识技术

随着智能手机的普及和移动通信的发展，扫描二维码访问网络成为人们获取信息的便捷方式。为了从琳琅满目的商品中挑选出满意的产品，消费者需要获取更完善的企业信息、产品信息和促销信息。生产企业也需要线上线下立体式的宣传产品和促销活动来增加消费者的认可和企业产品的销售。生产企业与消费者之间沟通的瓶颈亟待突破。商品条码的优势更侧重于结算，而承载信息更多、具有纠错技术并能够访问互联网的二维码显然成为联结企业和消费者之间的最好选择。所以业内对商品二维码和相关标准的呼唤越来越强烈。

商品二维码，顾名思义就是用于标识商品的二维码，即商品上贴附、喷涂、印制的二维码，具有产品标识识别、宣传互动、营销支付、防伪追溯等功能。《商品二维码》标准制定了统一兼容的编码结构，可以支持多种编码需求，其标识可具体到商品品类、批次、单品等不同层级需求。《商品二维码》作为我国自动识别与移动支付、电子商务以及大数据等领域的重要标准，对于逐步规范我国开放流通领域二维码的应用、搭建二码良好生态系统，以及商品的跨国流通标识与信息互连互通，将起到支撑和引领作用。

在标准制定初期，市面上已有少部分商品开始印制二维码了。但一开始并没有标准可循，二维码的应用逐渐出现了一系列的乱象：首先，编码标识不统一，编码数据结构由各个厂商或服务商自行定义，需要不同的手机软件进行识读和解析，因此有的产品上出现了多个二维码，消费者扫码无从下手。系统之间的数据也无法共享，企业需要重复录入数据，效率低，成本高。其次，碎片化问题严重，国内有不同的互联网服务商或者电商，在拓展二维码信息业务时，发现非本公司的二维码就进行屏蔽或者不进行跳转，消费者体验感差，宏观来讲，信息系统重复建设现象严重。最后，二维码安全性问题不可小觑。恶意网站、钓鱼网站、非法木马等利用人的肉眼无法区分二维码的空子，被不法分子植入二维码，不明二维码来源的消费者扫码中招，这样的安全问题近来不断被媒体曝光，严重影响二维码市场的健康发展。

对于面向大众的开放流通领域的商品二维码，必须解决以上的乱象，经过多方调研及专家研讨，最终确定编码方案。国家标准《商品二维码》(GB/T 33993-2017) 于 2017 年 7 月由国家标准化管理委员会正式批准发布，并于 2018 年 2 月 1 日起正式实施。《商品二维码》标准规定了商品二维码的数据结构、信息服务和符号印制质量要求等技术要求，提出了统一、兼容的商品二维码数据结构，能够有效地解决现存的二维码乱象，尤其对商品的跨国流通标识与信息互连互通起到不可替代的作用。

在数据结构方面，《商品二维码》规定了编码数据结构、国家统一网址数据结构及厂商自定义网址数据结构。编码数据结构由多个单元数据串组成，每个单元数据串由 GS1 应用标识符(AI)和 GS1 应用标识符数据字段组成，其中全球贸易项目单元为必选。

编码数据结构

单元数据串名称	GS1 应用标识符 (AI)	GS1 应用标识符(AI)数据字段的格式	可选 / 必选
全球贸易项目代码	01	$N_{14}{}^{a}$	必选
批号	10	$X_{..20}{}^{b}$	可选
系列号	21	$X_{..20}$	可选
有效期	17	N_6	可选
扩展数据项[c]	AI	对应 AI 数据字段的格式	可选
包装扩展信息网址	8200	遵循 RFC1738 协议中关于 URL 的规定	可选

[a]　N：数字字符，N_{14}：14 个数字字符，定长。

[b]　X：任意字符，$X_{..20}$：最多 20 个任意字符，变长。

[c]　扩展数据项：用户可从 GB/T 33993《商品二维码》附录 A 中表 A.1 选择 1~3 个单元数据串，表示产品的其他扩展信息。

　　例如，某商品二维码编码数据结构为：(01)06901234567892(10) ABC001(21)20170817ASDFghjk

　　编码数据结构，是基于目前国际国内最广泛流行的 GS1 体系（国际物品编码体系），能够涵盖从品类到批次到单品各个层级的商品编码，并且编码已经被国内外绝大多数条码设备生产商支持。

　　国家统一网址数据结构由国家二维码综合服务平台服务地址、全球贸易项目代码和标识代码三部分组成。其中标识代码为国家二维码综合服务平台分配的唯一标识商品的代码，最大长度为 16 个字节。

国家统一网址数据结构

国家二维码综合服务平台服务地址	全球贸易项目代码	标识代码
http://2dcode.org/ 或 https://2dcode.org/	AI＋全球贸易项目代码数据字段 如：0106901234567892	长度可变，最 长 16 个字节

例如，某商品二维码国家统一网址数据结构为：http://2dcode.org/0106901234567892OXjVB3。

国家统一网址数据结构面向目前最广泛的互联网应用，实现安全统一的互联网入口，企业可以直接采用此数据结构方案，无须建设二维码信息服务平台。

厂商自定义网址数据结构由厂商或厂商授权的网络服务地址、必选参数和可选参数三部分组成。

厂商自定义网址数据结构

网络服务地址	必选参数		可选参数
http://example.com 或 https://example.com	全球贸易项目代码查 询关键字"gtin"	全球贸易项目 代码数据字段	一对或多对查询关键 字与对应数据字段的 组合

注：example.com 仅为示例。

例如，某商品二维码厂商自定义网址数据结构为：http://www.example.com/gtin/06901234567892/bat/Q4D593/ser/32a

三种数据结构中，全球贸易项目代码 GTIN（可理解为商品一维条码）是必填信息。我国绝大多数商品生产企业，已经在中国物品编码中心申请过商品条码，企业资质和企业信息已经备案，在此基础上，采用符合国家标准的商品二维码编码方案，便于企业实施。

在码制的选择上，《商品二维码》标准规定商品二维码应采用具有 GS1 或 FNC1 模式（二维码码制中的 GS1 专用编码模式）的国家标准或国际 ISO 标准的二维码码制。由于编码数据结构是 GS1 编码结构，所以二维码码制必须支持 GS1 编码。目前满足要求的码制有快速响应矩阵码（简称 QR 码）、数据矩阵码（Data Matrix 码）和汉信码等。

QR 码　　　　　　Data Matrix 码　　　　　汉信码

满足标准要求的二维码码制

《商品二维码》标准对于进一步规范我国开放领域二维码的应用，完善我国统一兼容、互联互通的二维码标准体系，具有重要意义。标准的落地实施，对于解决目前我国商品二维码标识不统一问题，满足我国重要产品追溯、物联网等领域二维码标识需求，促进新型产品信息服务与消费者互动产业的产生壮大，具有现实意义。

随着商品二维码国家标准的出台，商品二维码的应用也进入快速发展期，据统计，2020 年 8 月—2021 年 7 月，仅在湖北省就有超过 200 家企业使用商品二维码，且多为地理标志产品、防护用品及食品类。通过在产品包装上标识商品二维码，消费者可直接使用手机扫描获取商品的详细情况。

使用商品二维码的商品包装

时至当下，采用商品二维码来实现产品的追溯和防伪等功能也得到越来越广泛的应用。浙江某企业在其包装盒上印制了商品条码与商品二维码，消费者可以通过扫描商品二维码获取部分验证码，结合烟盒包装上的验证数字，可以查验香烟的真伪。

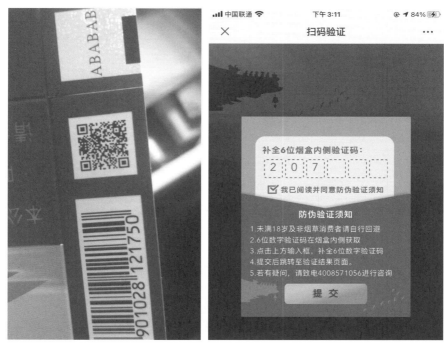

商品包装盒上的一维条码与商品二维码　　　扫描商品二维码获取的验证码

浙江某食品企业，通过手机 App 扫描其商品二维码，可获取商品的基本信息、批次信息、追溯信息和检测信息，有利于消费者获取该食品相关的详尽资料，是实现产品追溯的重要技术手段。

扫描商品二维码获取商品的基本信息、批次信息、追溯信息和检测信息

可以预见，随着二维码技术标准的协调发展，以及在各领域的应用不断规范，在社会各界的广泛参与下，不久的将来，智能手机与二维码的结合将呈现出新的态势，而我们的生活也必将随之发生新的改变。

第五节　二维码应用大发展

随着我国物联网和移动互联网应用的蓬勃发展，近年来，我国在自动识别技术等方面的自主核心能力也得到快速提升，产业规模迅速扩大，并逐步形成以条码技术和产品为主导的物联网配套产业的发展格局。

事实上，我国自动识别产业与国际相比起步就晚了20年，20世纪末，国内没有现成的二维码生成软件，也没有可供选择的识读设备。如果从国外进口设备，则需要付出每台超过万元的昂贵代价。由于二维码识读引擎涉及光学处理、二维码图形算法处理、纠错理论、图形的数字转换、计算机嵌入式系统等多种应用技术，研发门槛较高。而当时，在国际上仅有摩托罗拉、霍尼韦尔等少数几家大公司掌握核心技术，能够生产制造二维码识读引擎，我国的条码自动识别产业也主要以国外设备制造商的代理商与本地系统集成商为主。

让"中国创造"弥补国内自动识别行业原来在产业链条上研发和制造环节上的不足，成了国内研发人员的共识与心声。于是，随着自主知识产权的不断增加、技术体系不断完整，条码自动识别以核心技术和标准化为纽带，快速形成"研、产、销"一条龙的产业化硬件平台。尤其是二维码码制推介后，解码核心硬件和基于各种操作系统的识读核心软件的嵌入式开发不断研制成功，以及各种行业应用定制内核的开发完成，无不标志着我国已基本具备了自主产业化的技术条件。

在这个过程中，涌现出一批优秀的民族企业。它们基本都建立了基于条码自动识别技术、信息化等在内的IT产业链，充分整合了与自动识别技术应用相关的资源，为客户提供了以自动识别技术为基础的，包括"数据采集（自动识别）→数据传输（移动通信）→数据应用（信息增值和ERP）"完整的信息化解决方案，从而为我国的自动识别技术的发展开辟了一条新的道路。

成立于1994年的福建新大陆电脑股份有限公司，就是其中一家龙头企业。2001年，新大陆开启了研究和发展具有国人自主核心技术的二维码识读技术和产品的新征程。为此，其专门注册了一家新公司——福建新大陆自动识别技术有限公司。在完成了基础性技术储备后，经过不懈的努力，其产品形成了包含二维码和一维条码识读引擎以及较大幅面覆盖市场应用需求的各类条码识读设备系列，其性能均达到国际先进水平。

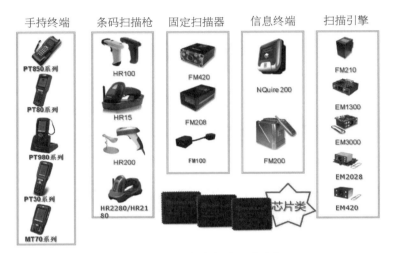

手持终端　　条码扫描枪　　固定扫描器　　信息终端　　扫描引擎

PT850系列　HR100　FM420　NQuire 200　FM210

PT80系列　HR15　FM208　EM1300

PT980系列　HR200　FM100　FM200　EM3000

PT30系列　HR2280/HR2180　芯片类　EM2028

MT70系列　EM420

新大陆公司研发的自动识别设备

其早期研发的五大系列将近 200 个品种规格型号。这五大系列中，包含可采集一维条码和二维码的各类手持终端、扫描枪、固定式扫描器、信息采集器终端，以及用户各类产品配套的条码采集核心部件，如一维条码、二维码识读引擎产品，还包括各类条码设备最核心器件，如一维条码和二维码解码芯片

北京东方捷码科技开发中心（以下简称"东方捷码"）也是其中一家典型代表。自 2000 年成立以来，东方捷码一直专注于条码、RFID 射频等自动识别技术相关检测仪器的研发及生产。其自主知识产权的台式和便携式条码检测仪系列产品，已经成为中国条码质检中心（国家级检测机构）和各省级条码检测机构的基础必备检测设备；该系列条码检测仪还用于地方商品条码执法环节，取得了良好的效果。此外，其参与编制和审查了多项自动识别及信息标准化相关的国家标准、行业标准。承担过多个国家科

研项目和科研课题等，具有丰富的研发及项目实施经验。

东方捷码具有自主知识产权的便携
式条码检测仪

东方捷码具有自主知识产权的台式
条码检测仪

此外，还有一款名为我查查的手
机扫码工具应用，在移动商务领域应
用十分广泛。只需拿出手机扫描商品
上的条码即可得知商品的详细信息，
可作为消费者购物时的参考。

互联网企业加入应用二维码的行
列，更令自动识别产业以及其应用业
态有了更为广阔的前景。这些民族企
业的崛起，只是 20 年来我国自动识别
产业发展中的一个细微的缩影。而随
着物联网和移动互联网在国民经济各
个领域的大量应用，这些技术已广泛
应用在交通、物流、医疗卫生、发票
管理、金融支付、邮政快递等领域中。

我查查手机 App

东方捷码产品在快销品行业应用。图为 GS1 云南养殖管理系统

早期的产品研发者也开始向物联网和移动互联网应用中的"解决方案"运营商的角色进行转变。而他们自主研发的产品不仅在国内获得了广阔的市场空间，还实现了出口创收。

近几年，二维码技术与其他技术相互融合、相互渗透的趋势越来越明显。例如，二维码技术与射频识别技术的集成形成了新的热点。条码成本低、易于制作，射频安全性好、识读快捷，两种自动识别技术的融合达到了优势互补，因此具有广阔的应用前景。此外，采用手机作为识读装置，移动通信网络作为信息传输平台的二维码手机应用系统发展得如火如荼，吸引了包括四大电信运营商在内的上百家企业。这些企业分别从事手机二维码业务的技术研究、应用、宣传推广以及系统运营等工作，相关的新的应用模式和商业模式层出不穷，二维码手机领域已经成为二维码技术成长最快的领域。二维码与其他技术的相互融合相互渗透使二维码技术向更深更广的领域发展。而随着新大陆、东方捷码、意锐新创、维深等我国自动识别企业的崛起，二维码设备得到了更广泛的应用。

二维码支付是目前应用颇为广泛的一种远程支付技术。它是一种可读性的条码，以黑白矩形图案表示二进制数据，手机通过扫码可快速进行支付。由于操作简单，目前在我国通过扫描二维码实现移动支付的方式已经十分普及，大到连锁零售门店，小到社区夫妻店及菜场商贩，均可扫码支付。

商场里某服装店内使用商品二维码识别产品与二维码自助结算

进入 21 世纪以来，随着移动通信、移动计算技术的发展，移动设备，特别是手机的计算、存储能力越来越强，移动商务的热潮逐渐席卷全球，二维码作为一种信息容量大、应用方便的数据载体受到人们的广泛关注。以腾讯确立二维码作为其微信入口为标志，以二维码为载体的移动商务应用开始在我国爆发式增长，二维码支付、二维码追溯、二维码营销等迅速进入千家万户的日常生活，扫码支付已经成为小额支付的主流，围绕着二维码技术的技术创新和应用创新层出不穷，消费者通过扫描或展示二维码，真切地体验到了信息技术带来的便捷，二维码技术的大众化应用蔚然成风，相关的国家标准也相继制定发布，这一切都标志着二维码技术的高度成熟。

目前，我国已成为二维码应用最广泛的国家，据新华社报道，我国二维码应用占全球九成以上，二维码生态作为数字经济中现实世界与虚拟世界的"连接器"，是线上线下融合的关键入口，它让商业连接成本更低、价值增值通道更畅通，将成为未来经济社会数字化全面转型的重要赋能利器之一。

本章科普窗口

▶ 火车票丢失后，上面的二维码会泄露我的个人信息吗？

随着二维码应用的普及，我们在衣食住行等方面都可以看到二维码的身影，小小的一个码就可以表达大量的信息。比如在我们乘坐飞机、火车时，通过扫描车票上的二维码就可以快速通过闸口，大大提高了出行效率。但是也存在一个疑问，现在购票都是实名制，一张票里就包含着我们的姓名、身份证号、行程等私人信息，如果我们的机票、火车票丢弃，会不会有泄露隐私的风险呢？其实这个问题不用担心，二维码是可以进行数据加密的，机票、火车票上的二维码信息均已经过加密技术处理，只有机场、铁路专用设备系统才能读取，而普通的二维码识别软件是无法识别并获取个人信息的，从而确保旅客信息安全。

第七章

物联网与大数据时代的创新

第一节 万物互联

2020 年，在新冠肺炎疫情影响之下，全球经历了 20 世纪 30 年代"大萧条"以来最为严重的经济衰退。国际货币基金组织（IMF）在 4 月将 2020 年全球经济增长率从 3.3% 大幅调降至 −3.0%；在 6 月进一步将 2020 年的经济增长预测下修了 1.9%，降至 −4.9%。而数字化和智能化则为疫情下的经济提供广阔空间：新冠肺炎疫情在重创经济的同时，也加速了部分行业从线下向线上转移的步伐，如线上办公、线上医疗、线上娱乐、线上教育、线上购物等。随着产业信息化、自动化、智能化、数字化的不断发展迭代，数字经济在商贸、银行、保险、医疗、交通等领域的呈现越来越广泛。而物联网，让人们在享受"随时随地"这两个维度的自由交流外，再加上一个"随物"的第三维度自由。

流传着一个物联网的源起故事，那是在 1991 年，剑桥大学特洛伊计算机实验室的科学家们，常常要下楼去看咖啡煮好了没有，但又怕会影响工作，为了解决麻烦，他们便编写了一套程序，在咖啡壶旁边安装了一个便捷式计算机，利用终端计算机的图像捕捉技术，以 3 帧 /s 的速率传递到实验室的计算机上，以方便工作人员随时查看咖啡是否煮好，这就是物联网最早的雏形。

　　物联网（the Internet of Things，简称 IOT）的概念，最早于 1999 年由美国麻省理工学院的 Auto-ID 实验室提出。这种由多项信息技术融合而成的一种新型技术体系，被看作是继计算机、互联网之后世界信息产业迎来的第三次浪潮。物联网作为新一代信息技术，融合了 RFID 射频识别、传感网络与检测、M2M、智能终端等技术，并由感知层、网络层和应用层三层技术架构构成。

　　万物因被赋予唯一编码而有了被识别、能互动的可能，世界也因万物互联而不断生发、交织变异。机器联网、人联网，物体和物体之间也联网，我们的生活方式正在发生深刻的变化。物联网打破以往的信息孤岛，在肉眼看不到的抽象世界里，通过算法、数据、符号、代码的联结，使若干年前科幻小说里才存在的画面已经转化成正在发生的现实。

　　对"物"的统一编码是物联网应用的基础，对"物"的信息的自动采集和共享是物联网应用的核心。给大千世界中每一个独立的"物"一个唯一编码，则是物联网应用最基础的工作。而 GS1 的 EPC global 提出的 EPC 编码即可解决上述问题，其以射频识别（RFID）为载体，可以实现数据的自动采集。

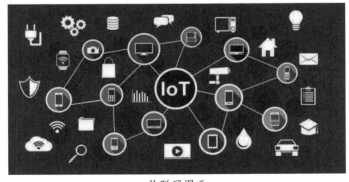

物联网图示

在 2019 年 11 月的第二届中国国际进口博览会上，全球最大的综合体育用品集团迪卡侬推出全球首台 RFID 自动盘点机器人"迪宝"，为零售行业数字化转型提供了解决方案。它通过搭载 RFID 技术，可实时盘点全品类产品库存，准确率高达 99.2%，无须人工输入可直接上传更新数据，并通过 AI 与系统对接，完成对库存的管理和对商业销售引发的库存变动进行预测分析。以一家 4 000m² 的商场为例，使用"迪宝"，只需 1.5h 就可以完成全部盘点，准确率高达 99.2%。这不仅大大节约了人力成本，还提高了准确率。

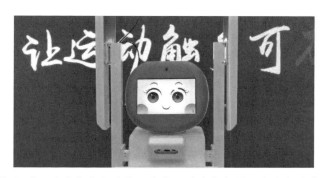

"迪宝"机器人（迪卡侬针对传统零售运营痛点定制开发的新零售场景多功能机器人）

而作为较早引入 RFID 技术的一家鞋服企业，迪卡侬在应用方面也具有代表性。RFID 技术早已融入其仓储物流、零售和全渠道销售等各个环节中，带来的便利也是消费者实实在在能感受到的。以零售环节为例，其商场内全部商品均配有 RFID 标签，顾客只需将所购买的商品扔进一个盒子里，就可以实现快速读取和快速结账，省去了逐件商品扫码录入的过程。

RFID 无线群读的优势、瞬间实现商品信息汇总的速度，正在为越来越多的领域所青睐。尤其是在物联网快速发展的当下，其给各个行业都带来了无限可能。

电子标签 RFID 与条码符号

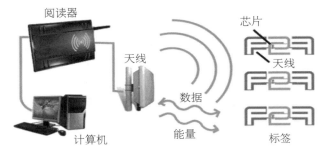

RFID 识读原理

　　阅读器通过发射天线发送一定频率的射频信号，当射频卡（芯片）进入发射天线工作区域时产生感应电流，射频卡获得能量被激活；射频卡将自身编码等信息通过卡内置发送天线发送出去；系统接收天线接收到从射频卡发送来的载波信号，经天线调节器传送到阅读器，阅读器对接收的信号进行解调和解码，然后送到后台主系统进行相关处理；主系统根据逻辑运算判断改卡的合法性，针对不同的设定作出相应的处理和控制，发出指令信号控制执行机构动作

　　其实，在耦合方式（电感－电磁）、通信流程（FDX\HDX\SEQ）、从视频卡到阅读器的数据传输方法（负载调制、反向散射、高次谐波）以及频率范围等方面，不同的非接触传输方法有根本的区别，但所有的阅读

器在功能原理上，以及由此决定的设计构造上都很相似，所有阅读器均可简化为高频接口和控制单元两个基本模块。此外，读写距离也是射频识别系统的一个关键参数，影响射频卡读写距离的因素很多，且大多数系统的读取和写入距离不同，写入距离一般是读取距离的40%～80%。

在我国，RFID技术较早是在大型会展中得到应用验证的。2008年，北京奥运会在食品安全保障体系、奥运宾馆、比赛场地、制造商、物流中心和医院的个人安全监控中，均广泛采用了RFID技术。尤其值得称道的是，北京奥运会的门票采用了芯片嵌入RFID技术。持票者进入比赛场馆时，只需在检票仪器上刷一下手中的门票即可。RFID技术的应用提高了奥运门票的防伪能力与检票速度。另外，奥运门票还详细记录门票的购票时间、地点、何时入场、座位区域等信息，使奥运赛场的安全秩序管理更加方便。2010年，在上海世博会上，RFID系统进一步满足了人流疏导、交通管理、信息查询等需求，实现了更多功能的便捷。如今，RFID的应用领域十分广阔，多用于移动车辆的自动收费、动物跟踪、生产过程控制等。

产品电子代码EPC（Electronic Product Code），可以对供应链中的物理对象（包括物品、货箱、货盘、位置等）进行全球唯一标识。EPC与GS1编码方案全面兼容，包含用来标识制造厂商的代码以及用来标识产品类型的代码，并用一组数字来唯一地标识单品。基于RFID技术的电子产品标签称之为EPC标签。读取EPC标签时，它可以与一些事件数据连接，如该贸易单元的原产地或生产日期等。基于互联网和射频技术的EPC系统，即实物物联网（简称物联网）是在计算机互联网的基础上，利用RFID、无线数据通信等技术，构造了一个实现全球物品信息实时共享的

"Internet of things"。它将成为继条码技术之后，再次变革商品零售结算、物流配送及产品跟踪管理模式的一项新技术。是条码技术应用的延伸和拓展。

1999 年美国麻省理工学院首次提出了 EPC 物联网构想，得到国际物品编码组织 GS1 的认可，并于 2003 年 10 月成立了 EPCglobal 负责全球推广 EPC 物联网应用，同年完成了技术体系的规模场地应用测试。一些大型国际跨国公司，如宝洁、吉列、可口可乐、沃尔玛、联邦快递、雀巢、英国电信、SAP、SUN、PHILIPS、IBM 等纷纷试水 EPC，使得 EPC 在 21 世纪的第一个十年间发展快速。

值得注意的是，此前，商品条码仅是对某一特定品种和规格的产品的编码，EPC 编码规则是对每个单品都赋予一个全球唯一编码。EPC 编码较为常用的是 96 位（二进制）方式的 GS1 编码体系，可以为 2.68 亿个公司赋码，每个公司可以有 1 600 万种产品分类，每类产品有 680 亿的独立产品编码，形象地说，它可以赋予地球上的每一粒大米一个唯一的编码。EPC 所标识产品的信息被设计保存在 EPCglobal 网络中，EPC 则是获取这些信息的钥匙。

具体来看，EPC 编码的一般结构是一串比特流，它包括两部分：可变长的码头和值序列。而它的长度、结构和作用完全由码头的值决定。其重要特点是——针对单品。EPC 编码旨在为每一件单品建立全球的、开放的标识标准，实现全球范围内对单件产品的跟踪与追溯，从而有效提高供应链管理水平、降低物流成本。其基于 GS1，并在 GS1 基础上进行扩充，不仅能有效解决单品跟踪问题，还可以实现供应链可视化。早在 2004 年，中国物品编码中心牵头研究 EPC 技术，并编著了《EPC 技术基础教程》等相关物联网技术书籍。

EPC 编码规则

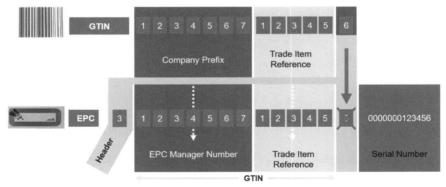

EPC GTIN-14+ 序列号

RFID 和 EPC 技术是一项更为全面和复杂的系统应用，涉及自动识别 RFID 网络技术和计算机技术等多个领域，产业链环节也更为复杂，环环相扣。如果其中一环出现问题，整个产业发展都会受到影响。因此，对产业链发展和产业布局进行全面的统筹规划和协调，实现资源的有效整合、优势互补，避免低水平重复建设，推动 RFID 产业的协调发展，十分重要。

回顾中国自动识别行业发展之初，其主要应用于零售业和仓储物流。而随着自动识别领域相关的载体技术、采集设备制造技术、软件服务系统技术、配套技术的引进及快速发展，我国的自动识别技术不断进步，产品市场也不断壮大起来。目前，自动识别行业已成为推动国民经济信息化发展的重要技术手段之一，在经济和信息全球化的今天，其发展及技术应用的推广对我国信息化建设的发展具有举足轻重的作用。与之相应的，在我国信息化建设快速发展的带动下，一批国内企业通过自主研发，逐步掌握了自动识别领域的核心技术，成功研发了具有自主品牌的自动识产品，并且产品性能和质量达到了国际水准，在实现进口替代的同时，开始登上国际舞台。可以预见，随着条码自动识别技术与新兴的射频识别技术、生物特征识别技术相集成，新的具有广泛生命力的交叉技术即将给我们的生活带来更多新的变化。

未来，随着物联网概念及相关产业的不断发展，自动识别产业也将直接受益于其所带动的投资增长。与此同时，RFID 和 EPC 技术的出现及推广应用，也增进了人们对自动识别技术的关注和认识，从而进一步扩大对自动识别技术的需求。条码自动识别技术作为成本低廉、应用便捷的自动识别技术已形成了成熟的产品配套和产业链，在各个领域条码自动识别技术仍将是人们采用自动识别技术的首选。尤其是近年来，通过将 EPC 的编码技术与二维条码结合应用，将 EPC 代码存储到二维码中，实现了在不需要快速、多目标同时识读的条件下，可以解决单个产品的唯一标识和数据的携带，并进一步推动我国二维码自主知识产权的产业化发展。

目前，另一种由 RFID 射频识别演变而来并兼容了 RFID 技术的 NFC（Near Field Communication，近距离无线通信技术），成为近场支付的主流技术，并广泛应用于手机等手持设备中。

通过使用手机上的 NFC，消费者在购买商品或服务时，可以及时通过手机向商家支付，实现与自动售货机及 POS 机的本地通信。这种新的支付方式与其他第三方支付工具扫码支付的方式不同，只需把手机靠近带有支付标志的 POS 机即可完成支付，十分便捷。在一些城市的地铁站，只需要带一只应用了 NFC 功能的手机，就可以实现类似于刷卡进站的快捷操作。

通过零售要素的数字化，用户、商品、支付都实现了数字化。在整个链条中，代表用户的是注册账号后生成的唯一代码、代表商品的则由传统的条码进化到二维码和 RFID。这样一来，支付、结算环节也进一步实现了数字化，从而可以批量、非接触地完成。

显而易见，EPC/RFID 等技术已为人们的生产生活带来了巨大便利。未来，随着这项技术的不断发展、成熟，必将带给我们更多的惊喜。而统一合理的 RFID 标签和 EPC 编码方案，无疑是构建物联网的关键技术之一。正如 2019 年 3 月在中国发展高层论坛经济峰会上，全球移动通信系统协会会长葛瑞德所说，5G 时代将给我们带来速度更快、覆盖更全面的连接，从而推进医疗、教育、人工智能、物联网等发展。而以物联网为代表的智能连接，定会改变我们的生活、商业以及工作方式，让未来更加繁荣。

第二节 物联网标识体系智能重构

当前物联网技术的发展已深入到社会民生领域，世界各个国家都意识到唯一标识是贯穿物联网体系的核心要素。建立统一的标识体系，是实现物联网各领域信息互联的前提条件。我国的物品编码产业也开始向大数据、云计算、智能化、物联网方向发展，走出了一条中国特色的编码技术自主创新之路。

从国际上来看，2009 年欧盟发布的《物联网研究战略路线图》将"标识"作为最优先的研究重点；随后，日本提出用于追溯和位置管理的 Ucode、韩国提出用于移动商务的 Mcode 等。这些编码方案在各自领域中都取得了一定的成果，但从整个物联网体系来看，各种标准并存、编码方案各异、编码系统互不联通，势必会导致信息孤立、资源浪费、无法形成统一的架构体系。为了建立全球统一的物联网编码方案，国际标准化组织 ISO 于 2013 年提出了物联网唯一标识国际标准提案，中国物品编码中心是该工作组成员之一。因此，物联网中的编码标识问题是物联网建设中的基础共性问题，同时又是一个复杂的系统工程。解决物联网中的标识问题，需要从物联网对象的编码、承载、网络资源标识以及相关资源的统一管理、解析服务等多个方面入手，我国应加紧自主的物联网标识技术研究，建立我国自主可控、普遍兼容的物联网标识体系。

回顾我国物联网标识的研究，经历了从初步探索、概念形成、技术论证、行业认可到最终成果产出的过程。我国起步于 2007 年的 Ecode 标识研究过程，也经历了几个标志性阶段。

2005—2011 年，中国物品编码中心作为国家发改委指定的国家物联网基础标准工作组标识项目组的组长单位，在深入研究国内外编码标识技术的基础上，结合互联网技术的发展以及应用需求，研制提出了我国自主创新的物联网标识——Ecode。Ecode 标识有四大特点：统一性、兼容性、系统性和创新性。它可以对各种物联网对象进行标识；兼容国内外已有编码；从编码层、标识层、网络层等多个层面实现了对已有编码系统的无缝连接。

Ecode 是我国自主研发的一套适用于物联网发展的编码方案，Ecode 有两层含义：一是表示物联网统一的物品编码，包括物理实体和虚拟实体；二是表示 Ecode 物联网标识体系，包含了编码、数据标识、中间件、解析系统、信息查询与发现、安全机制、应用模式等多个部分，是一套完整的编码系统。Ecode 是我国自主提出的"一物一码"的解决方案，遵循"统一标识、自主标准、广泛兼容"三个基本原则，是符合我国国情并能够满足我国当前物联网发展需要的完整的编码方案和统一的数据结构。

Ecode 既能实现物联网环境下对"物"的唯一编码，又能针对当前物联网中多种编码方案共存的现状，兼容各种编码方案，是适用于物联网各种物理实体、虚拟实体的编码。Ecode 标准的价值在于通过兼容现有编码，把各个体系统一起来，而且可以和国际接轨，实现跨境应用，这一点非常重要。Ecode 标准的推广应用有望实现各个不同系统之间的互联互通，打破各自为政的局面。

2012—2014 年，编码中心牵头组织了 8 次 Ecode 标识体系方案研讨会制定国家标准，来自公安、交通、林业、农业等多行业的企业、高校、科研院所、行业协会近百家单位超百人次专家参与了研讨。中国工程院的邬贺铨院士等众多专家对 Ecode 标识体系给予了充分肯定。

2015 年 9 月，GB/T 31866-2015《物联网标识体系 物品编码 Ecode》标准正式发布，该标准为我国首个物联网标识国家标准，Ecode 国家标准的诞生意味着我国物联网标识技术的研究取得了重大突破。至 2020 年，我国已经发布 Ecode 物联网标识标准 13 项，形成完备的技术体系，包括数据标识、中间件、解析系统、安全机制、信息查询和发现服务、应用指南等。自此，我国拥有了自己的 Ecode 国家物联网标识体系。

物联网标识体系（Entity Code for IOT）是由编码层、采集与识别层、信息服务层、应用层组成的一个完整的体系。编码是指物联网中的物理实体和虚拟实体的代码，例如：商品编码、快递编码、药品编码、IP 地址、统一资源标识符（URI）等。在选择编码时，可根据应用领域和需求采用合适的编码规则。采集与识别是指按照数据协议将编码存入数据载体，通过标签读写设备对数据载体进行自动识别，读取编码信息并提供给信息服务层进行处理。数据载体包括一维条码、二维条码、射频标签、NFC 标签等。无须数据载体的编码，可直接在信息服务层进行编码相关的解析服务和发现服务操作，例如，统一资源标识符、IP 地址等。信息服务包括解析服务和发现服务。其中，解析服务提供编码对应实体的静态信息查询。发现服务是指实体在流通过程中对应的各个环节的动态信息查询，例如，通过发现服务获取产品在生产、物流、仓储、零售各环节的动态信息。

在行业应用中，农业、交通、物流、医疗、公共安全等均可采用物联网标识体系，通过公共信息服务平台实现跨行业信息的互联互通。

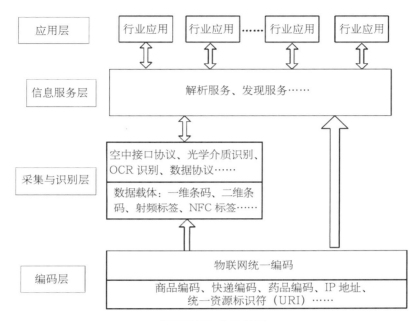

物联网标识体系框架

从 Ecode 编码结构来看，Ecode 采用三段式编码结构，由 V+NSI+MD（版本＋编码体系标识＋主码）组成，主码 MD 由分区码（Domain Code，DC）、应用码（Application Code，AC）和标识码（Identification Code，IC）组成，其中，分区码 DC 用于表示应用码 AC 与标识码 IC 长度范围的分隔符，应用码 AC 用于表示一级无含义编码，通常用来标识企业，标识码 IC 用于表示二级无含义编码，通常用来标识单品。Ecode 有 V0—V4 五个版本，其中，V0 兼容现有的商品条码体系。常用的 Ecode 版本有 64、96、128 三个版本，根据用码量需求发放合适的编码。

Ecode 编码结构

物联网统一编码 Ecode			备注	
V	NSI	MD	最大总长度	代码类型
(0000)2	8 比特	≤ 244 比特	256 比特	二进制
1	4 位	≤ 20 位	25 位	十进制
2	4 位	≤ 28 位	33 位	十进制
3	5 位	≤ 39 位	45 位	字母数字型
4	5 位	不定长	不定长	Unicode 编码
(0101)2~ (1001)2			预留	
(1010)2~(1111)2			禁用	

注 1：V 和 NSI 定义了 MD 的结构和长度；

注 2：最大总长度为 V 的长度、NSI 的长度和 MD 的长度之和。

Ecode 通用编码结构

编码类型	数据结构					备注	
	V	NSI	MD			总长度	代码类型
			DC	AC	IC		
Ecode64	1	0064	—	6 位	6 位	17 位	十进制
Ecode96	1	0096	1 位	1~9 位	18~10 位	25 位	十进制
Ecode128	2	0128	1 位	1~9 位	26~18 位	33 位	十进制

可以说，是多年的技术沉淀，奠定了 Ecode 标准、编码方案、技术体系的科学性、成熟性、先进性和实用性。依托以 Ecode 标识体系为基础打造的"国家物联网标识管理与公共服务平台"，使 Ecode 标识体系得到了较好的应用验证。

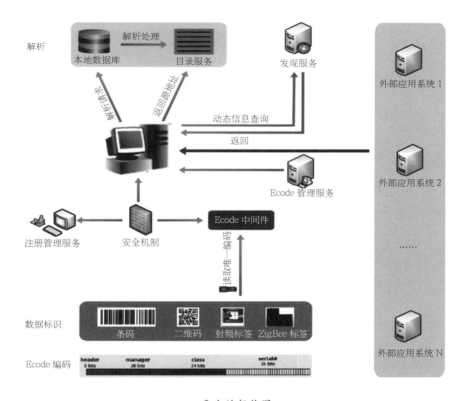

平台的架构图

"国家物联网标识管理与公共服务平台"是物联网统一编码产业化应用的基础支撑平台，为各行业物联网应用提供服务，打造成品类级、批次级和单品级的国家物品基础数据库，成为跨系统之间信息对接的桥梁，为异构系统之间的信息交互和消费者的信息查询提供全面的基础数据服务，也为更宽领域、更广范围的物联网应用提供互联互通的公共服务。作为物联网应用服务和信息交互的入口，其正在逐步完善技术架构与云端服务能力。

该平台提供物联网编码方案的统一注册与管理，支持条码、二维码、

RFID等多种数据载体，提供多样化信息查询和解析服务；可实现多种方式的信息查询、搜索与发现服务、信息托管服务、数据挖掘服务等功能，为企业提供编码的注册分配和对应产品的数据解析；为公众提供产品基本信息、防伪验证和追溯信息的查询……依托该平台，Ecode已为以电线电缆等工业品为代表的工业制造企业提供防伪防窜、产品溯源、产品全生命周期管理、供应链协同、精准营销五大服务，截至目前已服务企业6 000余家，标识发放量达900多亿条。

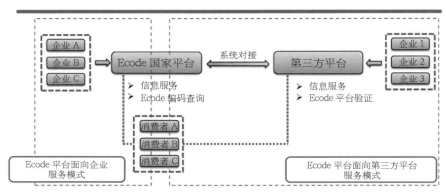

Ecode平台服务模式

应用案例一：基于Ecode的电线电缆产品质量智慧监管。

在电线电缆行业，利用Ecode编码作为线缆产品的"电子身份证"，通过国家物联网标识管理与公共服务平台（即Ecode平台）和全国电线电缆质量分析平台，实现了基于电线电缆产品全生命周期的质量管理，构建了基于Ecode编码的电线电缆产品质量追溯体系，打通生产企业、检测机构、最终用户以及监管部门的数据通道，实现供应链关键环节信息的共享。

线缆行业 Ecode 标识应用方案

　　应用案例二：基于 Ecode 的物联网消防装备物资管理。

　　在消防装备物资管理方面，一直以来，应急管理部消防救援局装备管理系统存在着消防装备种类繁多、大部分装备基础信息缺失的现状，迫切需要建立一个装备基础信息采集平台来进行装备信息的采集。为了解决这一问题，中国物品编码中心同消防救援局达成战略合作，共同推动基于物联网 Ecode 标识体系的消防装备物资信息采集平台的建设，实现进入消防救援队伍的消防车辆、装备、器材、药剂的生产企业及企业生产的产品基本信息的采集、审核、赋码、查询、共享、管理等功能，简化基层消防员信息录入工作强度，拓展录入和维护更新的手段，服务于各级消防救援队伍的装备管理工作。

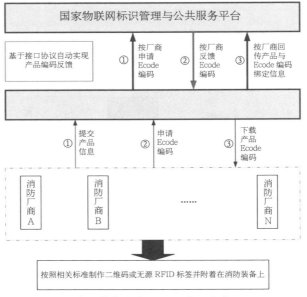

消防装备物资 Ecode 应用方案

随着包括统一编码在不同载体中的存储、编码管理机制、编码系统的解析等功能要求在内的标识应用指南、系列标准陆续发布，不同类型企业向物联网的融合得到指导，进一步打通了行业间的信息渠道，促进产业化的发展。直到现在，相关标准的完善工作仍在有条不紊地进行。2018 年 9 月，中国物品编码中心、合肥金维思特智能科技有限公司、西安电子科技大学、国家节能中心、复旦大学等共同起草的《物联网标识体系——Ecode 解析规范》发布，该规范于 2019 年 4 月 1 日实施；2020 年 3 月 31 日，由中国物品编码中心牵头，内蒙古自治区标准化院、中国民航信息网络股份有限公司、北京交通大学、北京邮电大学、北京东方捷码科技开发中心、深圳市标准技术研究院等共同起草的《物联网标识体系——Ecode 标识应用指南》发布，并于2020 年 10 月 1 日起实施。至此，围绕 Ecode，我国物联网标识体系已经构建起了系统的标准与规范，为推进其应用与发展奠定了坚实的基础。

在 Ecode 平台建立的同时，技术研究工作也取得了突破性成果。为进一步保护自主知识产权，自 2013 年起，由编码中心作为专利申请人取得了《物联网统一标识编码解析的方法和装置》（专利号：CN201310634053.4）《物联网统一标识编码解析的方法和系统》（专利号：CN201310367189.3）等五项国家发明专利，有效解决了编码的解析方法单一，兼容性差的技术问题。

面对物品编码技术如何深化服务工业互联网，特别是加强"智能制造"标识管理，Ecode 以标准化为基础，以平台服务为抓手，以企业为核心，建设开放的物联网标识应用生态系统，部署智能制造异构标识解析体系建设，构建单品级中国商品大数据平台，实现信息跨行业跨平台的互联互通，助力企业实现"Ecode+ 物联网"应用，保障工业企业多信息系统融合，优化供应链上下游协同，提升企业智能制造水平，为我国工业互联网发展战略保驾护航。

未来，随着基于 Ecode 标识体系的工业互联网相关标准进一步完善，Ecode 标识体系在工业制造领域应用的广度和深度也将持续提高，一种"普遍联接"的"万物重构"时代也将随之到来！

第三节　条码与大数据"握手"

当我们工作一天回到家中，想做一份桂圆莲子汤，走到冰箱前查询冰箱外立面上的显示屏发现，冰箱内有红枣、莲子，却没有桂圆。这时候就可以通过冰箱的物联网技术访问超市和生鲜配送 App，及时选购所需要的桂圆……不仅如此，智能家居给人们带来的新生活方式还体现在方方面面。比如，酷暑天气下班回家之前，就可以通过手机按键操作家中的应用物联网技术的家电系统，可以在快到家时提前开启空调，以便一进家门就能享受凉爽舒适的环境；可以提前在电饭煲中放入食材，下班回家的路上通过手机 App 操作，远程煮上一锅新鲜美味的粥羹，以便一进家门就可以享用美食；通过物联网技术连接天气预报系统，当监测到有雾霾的时候，家中的新风系统在自动模式下自行调整空气净化模式，让在家中的人呼吸到新鲜的空气。甚至，只需要将家中应用了物联网技术的各种家电、灯、智能音箱等连接统一的中控系统，就可以通过语音来控制灯光的亮度、开关，以及各种家电的使用了。

智能家居设想（图片来源于网络）

以上种种在我们日常生活中已不再罕见。而仅仅在十年以前，智能建筑和住宅自动化技术的应用一般还只存在于高级办公室和豪华公寓里，而通过语音控制家中灯光与家电的使用，更是科幻电影里才存在的画面。随着物联网技术的快速发展以及物品编码与识别技术的不断突破，无论是能源自动计量，还是家庭自动化和无线控制，都得到了长足的发展。如今，这些"黑科技"早已走入寻常百姓家。

以建筑中应用的能源消耗计量为例，智能计量因其能源使用情况的信息会自动传输给能源供应商而越来越受欢迎。与之类似，智能住宅也能够很容易地与建筑物中其他传感器相连，从而形成一个完全互联的智能环境。

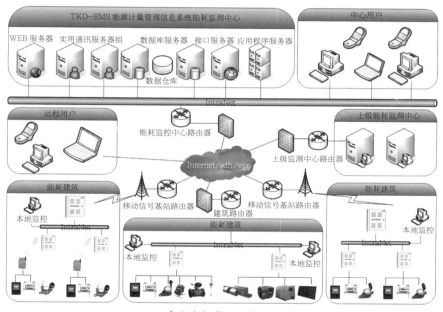

建筑能耗监测设计图

温度、湿度传感器能够提供必要的数据，使温度、湿度自动地调节到舒适的水平，优化采暖或制冷的能源使用。具体来说，融合了传感器微型化、无线通信和微系统技术等优点的物理传感器，内置于自动化无线网络识别装置中形成无处不在的传感网，这种传感网可以对建筑物和私人住宅中的温度、湿度和光照等环境数据进行精准测量

近几年开发的新建商品房小区已经通过应用上述技术，帮助人们实现居住空间的恒温恒湿，打造真正的健康住宅。而这些科技系统的应用，也

成了开发商卖房的新亮点。

此外，对人类活动的监测还有一些其他价值。如一些具有"看家"功能的网络监控设备，可以监测到家里发生一些特殊的情况，如孩子的哭声、老人的呼救等，从而使人们在日常生活中获得帮助，这对于繁忙的城市上班族来说，尤其是老龄化社会中的老人来说，将提供重要帮助。

在食品追溯过程中，如果想要随时召回出现质量问题的产品，就需要对部分或者整个重建的供应链中的食物或食物成分进行追踪。在欧洲，食品可追踪性是通过执行欧盟法规 178/2002（EC 28 January 2002），此法规又称为"一般食品法律"（General Food Law）来实现的，在美国则由食品和药物管理局（FDA）来规定执行。高效的食物可追踪性可以挽救生命：以美国为例，食源性病菌每年致使大约 7 600 万人患病和 5 000人死亡，社会成本每年大约在 290 亿～670 亿美元之间。物联网可以帮助实施食品的可追踪性，例如，如果 RFID 附着在产品（产品标签）上，那么所追踪的产品情况就可以进行自动存储和更新。

使用家庭无线自动装置通信技术，建筑中的所有"物"都能够进行双向沟通。而以上这些应用只是物联网应用的冰山一角。事实上，对"物"的统一编码和实时的信息采集，产生了海量的数据。有效利用数据为决策服务，是物联网技术的最终目的。如果能将物物相连产生的庞大数据智能化处理、分析，将生成商业模式各异的多种应用，而这些应用正是物联网最核心的商业价值所在。其不仅给我们日常生活带来巨变，还在城市安全、金融投资、交通出行、安全生产以及医疗健康等方面发挥着重要作用。而一些拥有新思维的企业则早已从这些数据应用中获得了巨大收益。

以一家英国对冲基金 Derwent Capital Markets 为例，在物联网发展早期，这家公司就花费 4 000 万美元首次建立了基于社交网络的对冲基金。该基金通过对推特的数据内容来感知市场情绪，从而进行投资。此外，IBM 软件集团也是较早进军这一领域的企业，它与欧洲一家汽车厂商合作，通过安装智能芯片捕捉汽车内部状况的各种信息，并进行综合处理分析。而这些数据不仅优化了客户体验、提供了增值服务，还通过精准分析后将数据卖给下游零部件厂商，以为其产品开发积累一手资料。

　　智慧医疗更是物联网结合大数据的一个典型领域。其融合物联网、云计算与大数据处理技术，形成一套解决方案。如今，智慧医疗已在睡眠监护、医疗设备管理、医院工作流程管理、基于历史医疗数据挖掘的辅助诊断等领域中得到了广泛应用。在国务院印发的《新一代人工智能发展规划》中，我国明确了 2020 年人工智能核心产业规模超过 1 500 亿元的目标。据预测，医疗人工智能行业将占人工智能总体市场规模的 1/5。互联网、人工智能下的医疗健康行业发展一直是中国国家政策重点扶持和关注的领域。目前，我国共有 144 家智慧医疗公司，已初步形成北京、广州、长三角的智慧医疗聚集群。

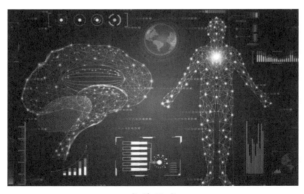

智慧医疗

在人口老龄化、慢性病患者群体增加、优质医疗资源紧缺、公共医疗费用攀升的社会环境下，物联网技术在医疗人工智能等方面的应用为医疗事业开启了新的征程。其在简化看病流程、优化医疗资源、改善医疗技术等方面提供了更好的解决方案。以远程医疗与关怀为例，物联网也有很多应用。带有射频识别 RFID 传感功能的手机可以作为监控医疗参数和给药的平台。物联网的优点首先表现在可以预防和易于监控上，其次表现在发生意外事故时进行专案诊断。

传感器、射频识别技术（RFID）、近场通信（NFC）、蓝牙、全新无线网络数据通信技术、无线阔位监控器、ISA100、WiFi 的结合，使一些重要指标的测量和监控方法得到了显著改善，如温度、血压、心率、胆固醇、血糖等。此外，预计传感技术会变得更具有可用性，成本会更低，并且内置支持网络连接和远程监控的技术。植入式无线识别装置可用于存储健康记录，这样可以在紧急情况下挽救生命，特别是那些糖尿病人、癌症患者、冠心病人、中风者、慢性阻塞性肺病患者、有认知障碍者、癫痫症患者、老年痴呆患者、有复杂医疗设备植入的人以及在手术中失去意识和无法沟通的人。

可食用和可生物降解的芯片可以植入人的身体来指导行动。截瘫者可以通过植入由电子仿真系统操控的"智能物"来刺激肌肉，从而恢复行动功能。

"物"越来越多地被整合到人体内，形成身体区域网路，身体区域网路可以和主治医师进行沟通，以提供紧急服务和对老人的关怀。完全自动化的心脏除颤器就是一个例子。心脏除颤器植入人的心脏后就可以自主决定何时进行除颤管理，并通过联网使医生了解更多病人的情况。

而独自生活的老人亦在监测老人健康、活动情况的物联网应用和服务中得到帮助。通过可穿戴式传感器的使用，观察老年人的日常生活，通过可穿戴式传感器监测慢性病的情况。随着模式检测和机学算法（简称"机器学习算法"）的出现，在病人身边的"物"就能观察和照顾病人。"物"可以学习作息规律、在异常情况下提高警惕或发出警报。随着以上的这些医疗技术的出现，相应的服务也相继产生。

此外，对于药品生产来说，物联网应用也至关重要。粘贴在药品上的智能标签使我们可以通过供应链追踪药品和通过传感器监控药品的情况，这样做的好处在于：可以对那些需要特别存储的药品（如需要低温保存的药品）进行不间断的检测，一旦在运输过程中发生变质，我们就可以立刻对其进行处理。药品追踪和电子谱系也支持假冒伪劣产品的检测，确保供应链的安全性（即不存在假冒伪劣产品）。同时，在药品上粘贴智能标签的直接受益者是病人，如通过在智能标签中存储药品说明书来提醒病人每次服用的剂量、药品过期日期，以及鉴别假冒伪劣产品。在使用智能药箱时，通过智能读取药品标签的信息，可提醒病人服药时间，病人的服药情况也可以得到监测。

可以说，物联网数据的应用与商业模式的耦合，可以产生巨大的能量。而要实现多方共赢，就必须让物联网成为商业驱动力，让产业链内更多的企业参与物联网建设。与此同时，物联网大数据产业要获得健康有序的发展，还需要政策和市场的完善以及产品的不断创新。

当前，物联网发展还存在一些问题。比如在规模化推广过程中，我国尚且面临缺乏国家统一标准或行业标准指引，以及标准发展滞后于应用发展的困境。目前，RFID标准在全球呈"三足鼎立"局面，各不兼容。中国虽然拥有最大的RFID应用市场，但还没有相应的国家标准。而在物联网颗粒化、非结构化数据的处理过程中，如何通过统一物联网架构设计，使不同系统之间、不同结构的数据尽可能结构化，也是关键技术难点之一。

事实上，更为重要的一点是不同部门、不同行业之间物联网大数据信息的共享问题。以中国智慧城市发展之初遇到的困难为例，一个瓶颈就在于信息孤岛效应——各部门间不愿公开和分享数据，数据之间存在割裂，进而无法产生数据的深度价值。经过多年的磨合，如今，各部门之间相互交换数据已经成为一种发展趋势，不同部门之间的数据信息共享必然有助于物联网发挥更大的价值。

未来十年，物联网还将继续面临着大数据时代战略性的发展机遇与挑战。物联网与大数据"握手"，不仅会使物联网产生更广泛的应用，也会在大数据基础上延伸出越来越长的价值产业链。而随着统一标准的问题逐一解决，物联网与大数据结合，用编码表达的万物互联，定将生发出新的蝶变，幻化出更为多彩的未来！

本章科普窗口

▶ 条码是如何连接物理世界的？

条码的本质是编码的一种符号表现形式。在各类智能应用场景中，每个"物品"都需要一个身份编码，以供机器和人识别处理，进而实现物理世界中"物品"的数字化，这就是物品编码标识的过程，也是物品实现自动识别进行交互的基础。物品编码、数据载体及网络解析等作为物联网的"皮肤"和"五官"，承担着识别物体、采集信息和传输信息的作用，而物品编码解决的是底层数据结构如何统一的问题，是联系实体世界、虚拟世界、数字世界的基础。没有条码，物联网将成为"无本之木""无米之炊"，而条码技术的成熟度也已成为物联网技术产业发展水平的重要体现。

第八章

条码连接未来

第一节　服务促进发展

近年来，互联网、大数据、云计算等技术已日益融入经济社会发展的各个领域。数字经济发展速度之快、辐射范围之广、影响程度之深前所未有。在这世界百年未有之大变局下，发展数字技术、数字经济是把握新一轮科技革命和产业变革的战略选择。2021年11月，在十九届六中全会上通过的《中共中央关于党的百年奋斗重大成就和历史经验的决议》指出："全面实施供给侧结构性改革，推进去产能、去库存、去杠杆、降成本、补短板，落实巩固、增强、提升、畅通要求，推进制造强国建设，加快发展现代产业体系，壮大实体经济，发展数字经济。"这标志着推动数字经济高质量发展将成为我国经济建设的重要组成。

随着我国经济转型速度加快，"服务"一直是近几届"五年规划"的核心要务，十九届五中全会审议通过的《中共中央关于制定国民经济和社会发展第十四个五年规划和二〇三五年远景目标的建议》明确提出，加快发展现代服务业，推动现代服务业同先进制造业、现代农业深度融合，推进服务业数字化。过去的几十年中，我们已经见证了从手动服务的1.0时代发展到有效利用互联网支持服务的2.0时代，再到由移动和云技术支持更高连接性的自助服务3.0时代。未来，服务将由新兴技术和产品服务化的融合向"无缝服务"演进，通过多种渠道和共享的开放式基础架构提供以主动、无摩擦、共情、端到端为特征的数字化、智能化服务，即服务4.0时代。而服务也从曾经的企业发展支撑业务转变为与技术并驾齐驱的核心竞争力。加快推进服务业数字化转型升级、创新服务质量治理、推动服务创新能力建设对于支撑经济发展，满足人民日益增长的美好生活需要具有重要意义。

从初开国门商品条码进入中国，到现在物品编码全面开花，我国的物品编码工作从无到有、从小到大，为社会和经济各领域的发展发挥了不可或缺的作用。物品编码以服务经济社会发展、服务政府监管、服务行业企业和服务民生为宗旨，在商品流通、国际贸易、信息化建设等方面发挥的作用越来越重要，事业发展前景更加广阔。我国抓住信息技术、网络技术、数字技术和智能技术引发的重大产业变革机会，充分利用物品编码和自动识别技术的"连接""融合"功能，不断突破传统领域，大胆实践跨界合作，也为行业的很多业务领域开创了新局面。

随着市场需求的不断发展，物品编码及自动识别技术服务要求不断提高，完善质量基础设施，发挥标准引领作用，提高服务供给体系的质量和品质，增加自主创新、数据应用等对服务发展的贡献度是进一步夯实物品编码服务高质量发展的关键要素。因此，打造一个服务功能健全、服务过程规范、服务方式多样的服务体系也已至关重要。经过不断地摸索，我国物品编码工作逐步建立了以编码中心、分支机构、地方工作机构为服务主体，包含基础服务、增值服务、大客户服务于一体的"大服务"体系。同时，为了提高服务效率，提升客户对编码服务的获得感，建立了注册续展、咨询、培训、产品信息等多项服务标准化规范化制度，大力推动服务标准化制度化建设，为服务转型升级奠定坚实的基础。

　　物品编码服务始终以为用户创造价值为宗旨，以用户需求为导向，着力提升市场化服务能力，形成提供编码服务与行业应用深度融合、互促共进的新局面。通过与行业大客户企业进行战略合作，提供定制化应用解决方案，为蒙牛、双汇、阿里、百度、京东、中国宝洁、欧莱雅等生产制造、电商平台企业提供专业化、定制化服务，与大客户企业相互促进，共同发展，树立了物品编码机构诚信、专业、高效的服务品牌形象。

　　物品编码服务与时俱进，把握新技术向新服务转化的大趋势，加快实施创新驱动发展战略，在快速向数字化时代发展转变的过程中，企业对于服务方式的需求也逐步迈向数字化、智能化。物品编码服务从原来的人工服务，发展为既可通过线下自助业务办理终端，也可登录线上业务办理大厅，实现了覆盖整个条码业务的线上线下相融合的服务流程，大大缩短了办理时间，降低了办理成本。

自助条码办理终端

2020 年 4 月 20 日，中国编码 App 正式上线投入使用。在 5G 时代，秉承"让数据多跑路，群众少跑路"的初衷，中国编码 App 为企业提供了更加多元化的服务形式，成员可通过手机轻松办理条码业务，快速完成产品通报，随时随地解决遇到的条码问题。同时，还为大众用户提供了专业的扫码查询和条码生成工具，能够识读和生成符合 GS1 标准的各类码制。中国编码 App 的应用，进一步优化营商环境，提升服务效率。

中国编码 APP

01 条码业务	**02** 产品管理
条码申请、条码续展、条码变更、变更+续展	产品添加、修改、删除、缺失产品管理
03 扫一扫	**04** 增值服务
识读符合GS1标准的各类码制最全面最专业	条码商桥、条码追溯、条码微站

中国编码 App 的核心功能
目前，增值服务中配置了条码追溯、条码商桥、条码微站三个模块

此外，商品条码服务也更加精准有效。在加快商品数据深度应用进程中，物品编码推出服务于企业的信息化产品"条码微站""商桥""易码

追溯"等，实现了数据与应用的有机结合。我国物品编码工作着力于技术创新，不断为企业带来更高效便捷的服务体验，利用人工智能机器人技术为广大用户提供高效咨询服务。建立商品条码场景式培训体验系统，为系统成员、科研院所、社会大众提供现场观摩与亲身操作的全供应链运作实例。物品编码工作始终以客户为中心，将标准与技术转化为产品和服务，从而发挥物品编码最大价值，逐步实现"编码产业数字化"与"数字应用产业化"的双轮驱动。2020 年，新冠肺炎疫情突发，物品编码服务主动适应疫情防控新形势，充分利用线上服务渠道，推出"商品条码公开课""编码云课堂"等，让企业和消费者"时时可学、处处能学"。

经过 30 多年的发展，我国已经探索出了一条市场主导与政府推动并举的具有中国特色物品编码发展之路，在解决我国商品出口、促进对外贸易、推动国内商品流通发展、变革零售模式、提高行业信息化水平、推进电子商务发展、服务政府监管等方面发挥了重要作用。

在以国内循环为主、国内国际双循环的背景下，商业模式的变革对产业发展至关重要。物品编码工作作为国家市场监管、国家标准化工作的重要组成部分，近年来，坚持以满足经济社会发展和企业需求为导向，不断完善服务体系，规范服务标准，丰富服务方式，落实服务清单，着力提升用户满意度，这些无疑是条码技术在相关行业领域得以快速应用发展的重要支撑。在服务企业与政府监管的同时，特别注重整合服务资源，开展条码知识推广和标准化通识教育，充分发挥行业协会的桥梁作用，不断激发市场主体活力，提高广大消费者参与度。

"十四五"规划的重点之一是抓住第四次工业革命先机，乘数字经济腾飞和数字技术使能的东风，加速实现全行业全社会的数字化转型。企业数字化转型成功的关键是其供应链的数字化转型。数字化供应链就是以客户为中心的平台模型，通过多渠道实时获取，并最大化利用数据，实现万物互联、全程可视，而物品编码作为数字化供应链的基础数据支撑，必将起到定海神针的作用。

编码智万物，一扫通全球。紧扣经济社会发展需求、立足服务，为企业创造优良的营商环境，为社会创造更大价值，是中国物品编码事业始终坚守的初心。供应链数字化、服务智能化将是未来商品条码服务的工作方向。我们相信，借助数字化转型的浪潮，一个物品编码事业新格局必将伴随着新技术、新产业、新业态、新模式的不断涌现而发展壮大，必将在我国经济社会中发挥关键作用，开启数字时代下的美好生活！

第二节　中国编码走向国际

2000 年 5 月 22 日，国际物品编码协会全体代表大会，即 EAN 全会在北京召开。迈入 21 世纪后的第一次全会选择了中国，不仅体现出国际社会对中国物品编码工作的肯定，更表现出世界对 21 世纪中国物品编码工作及条码自动识别技术产业发展的信心与期盼，也是对中国经济新千年腾飞的信心与期盼。自 1991 年加入国际物品编码协会以来，中国物品编码中心就一直代表我国积极参与国际物品编码及自动识别技术领域的交流活动，这为我国条码技术的国际化与现代化创造了条件。经过 30 多年的发展，目前我国在物品编码战略研究、理论研究等方面全球领先，为超过 100 万家企业提供专业条码服务，目前有近 50 万家企业成为我国 GS1 系统成员，基于商品条码（GTIN 代码）所对应的产品信息保有量已达 1.4 亿条，居世界首位，我国物品编码工作取得了举世瞩目的成绩。

近年来，中国在国际编码事务中发挥了越来越重要的作用。为深度融入国际物品编码大家庭，我国日益在国际编码事务中发挥出主动性，在国际合作项目中发挥牵头和主导作用，在 GS1 顾问委员会、技术委员会以及国际编码组织最高管理决策机构——GS1 管理委员会中提升国际话语权，深度参与 GS1、ISO、AIM 等相关国际组织的标准化工作，致力于参与解决产品跨国追溯、数据全球共享等国际热点问题，助力我国产品行销世界，企业走向国际。

2018 年，在杭州召开的 GS1 全会上，中国物品编码管理机构与 GS1 总部一道签署了《杭州宣言》，此举对深化与"一带一路"沿线国家编码组织之间的合作交流具有重要意义。其中，欧盟 PLANET 亚欧跨境物流项目的开展将整合亚欧之间的铁路和跨境快递通路，打造高效互联的亚欧交通和配送网络。在这一重大项目中，由我国物品编码管理机构承担的 APMEN 亚太示范电子口岸网络海运可视化项目于 2019 年取得阶段性成果，上海、厦门电子口岸完成物联网平台建设，通过提供跨境数据互联服务，实现跨国港口的海运信息可视化。

2000 年 5 月 22 日，国际物品编码协会全体代表大会（EAN 全会）在北京召开

由国际物品编码组织主办，中国物品编码中心和杭州市质量技术监督局承办的 2018 年 GS1 全会会议于 2018 年 5 月 14—17 日在杭州成功召开

在参与国际项目的同时，我国也在积极争取物品编码领域的国际话语权。2005 年 11 月，中国物品编码中心主任张成海当选国际物品编码协会顾问委员会委员；2007 年 10 月，海尔集团原副总裁喻子达成为全球产品电子代码管理委员会委员；2015 年，经我方推荐，阿里菜鸟网络、北京华联集团高层领导成为 GS1 管理委员会委员；2016 年 5 月，张成海主任又成功当选为 GS1 管理委员会委员，这是我国物品编码管理机构第一次进入国际物品编码标准化组织的最高管理层。至此，我国在国际物品编码领域的影响力和话语权逐渐提高，这有利于中国物品编码事业在国际舞台发出更多中国声音，也是我国物品编码工作加快国际化进程的重要举措。

中国物品编码管理机构积极参与 GS1、ISO 等国际组织的标准化工作，力争在最初的规则制定阶段，把我国先进技术融入国际标准和规则当中。通过派员到 GS1 国际总部工作交流，参加 GS1、ISO、自动识别技术等领域的国际会议并发表主旨演讲等积极手段，学习了解国际规则，介绍并宣传我国编码工作经验和智慧，推动中国编码标准国际化。2021 年 9 月 13 日，由我国提出的《工业化建造 AIDC 技术应用标准》（AIDC Application in Industrial Construction）国际标准提案在国际标准化组织（ISO）和国际电工技术委员会（IEC）共同成立的第一联合技术委员会下设"国际自动识别与数据采集技术分技术委员会（ISO/IEC JTC1/SC31）"正式获批立项。该标准是全球在工业化建造领域设立的首个国际标准，同时也是首个由我国企事业单位提出并主导的自动识别与数据采集技术（AIDC）领域的重要 ISO 应用国际标准。

ISO 官网展示由我国提出的《工业化建造 AIDC 技术应用标准》

中国编码标准实现了在国际标准中的突破。2003 年，中国物品编码中心为了解决国际二维码垄断问题，申请国家"十五"重要技术标准研究课题，立志要做出中国人自己的二维码。2007 年，我国第一个拥有完全自主知识产权的国家二维码标准——《汉信码》（GB/T 21049-2007）正式发布，是我国自动识别与数据采集技术发展的重大突破。2011 年，汉信码进一步成为国际自动识别制造商协会（AIM Global）正式的码制标准，这标志着汉信码（Han Xin code）正式获得了国际自动识别技术产业界和主要自动识别技术企业的认可和支持，成为国际主流码制之一。2021 年 8 月 27 日，国际标准化组织（ISO）和国际电工协会（IEC）正式发布汉信码 ISO/IEC 国际标准——ISO/IEC　20830:2021《信息技术　自动识别与数据采集技术　汉信码条码符号规范》。从国家标准到国际标准，彻底解决了我国二维码技术"卡脖子"的难题。汉信码 ISO/IEC 国际标准的发布，是我国自动识别与数据采集技术领域自主创新的重要里程碑，是国家标准"走出去"战略的成功典范，大大提升了我国在国际二维码技术领域中的话语权，为我国二维码技术发展谱写了辉煌的篇章。

2015 年，在第 39 届 ISO/IEC JTC1/SC31 会议上重点讨论了我国汉信码上升为国际 ISO 标准的议题

我国在物品编码某些领域应用方面，已处于世界前列。以二维码为例，2019 年，24 小时连锁便利店——"便利蜂"采用《商品二维码》国家标准，通过将商品条码、生产日期、到期日期、车次号等信息写入商品二维码，实现了保质期在 30 天以内短保食品的"一物一码"管理。当消费者进行扫码付款时，超过保质期的产品可被自动拦截，从而最大限度地保证消费者权益和食品安全，此举打开了零售行业和食品行业应用的新局面。

我国在使用商品条码数字化服务方面也处于世界领先地位。2014 年，天猫、淘宝在全球率先采用商品条码管理电商产品。随着我国条码商品数据库数据逐渐丰富，自 2018 年 7 月起，编码中心与海关建立数据交互验证传输机制，提供进口商品源头数据共享，推动商品条码在"中国国际贸易单一窗口"的应用；2021 年，京东、美团、抖音、拼多多等主流电商平台都开始使用商品条码数据核验上架产品的数据真实性，同时，京东还实现了"一键式"开店。这些都让世界看到了中国编码的智慧与成就，同时推动了中国企业、中国标准、中国服务走向全球。

目前，我国在物品编码管理、数据资源建设、医疗器械监管等方面实现了历史新突破，在二维码、物联网标识等新技术研究方面均处于国际领先地位，特别是近年来，商品条码在我国食品安全追溯以及电子商务、移动商务领域的研究探索，更是在全球范围内开辟了商品条码应用的新空间，引领了国际物品编码技术发展方向。我国物品编码工作已经逐渐从国际"跟跑者"变为"并跑者"，并向"领跑者"迈进，走进了世界编码舞台的中央。

30 多年来，我国物品编码工作一直伴随着经济发展而不断深入，充分发挥了标准化物品编码技术及数据资源在我国经济社会中的独特作用，为经济社会发展作出了不可磨灭的贡献。党的十九大报告提出，我国经济已由高速增长阶段转向高质量发展阶段，正处在转变发展方式、优化经济结构、转换增长动力的攻关期。要完成向高质量发展的转换，高标准是真正的抓手。随着我国编码领域国际化程度不断加深，我国编码人必将发出更多中国好声音，讲出更多中国好故事，为世界贡献中国人的独特智慧。

第三节 人类社会大变革

人类社会进入工业时代之后，已经经历了三次工业革命。第一次工业革命人类发明了蒸汽机，从此进入蒸汽机时代；第二次工业革命进入电气化时代；第三次工业革命进入信息化时代。如今，第四次工业革命到来，这一次我们迎来的是智能化时代。

18世纪末 第一次工业革命 蒸汽机为代表	20世纪初 第二次工业革命 电气、内燃机为代表	20世纪70年代 第三次工业革命 计算机、自动化为代表	现在 第四次工业革命 智能化为代表

四次工业革命

习近平总书记在 2018 年两院院士大会上指出："世界正在进入以信息产业为主导的经济发展时期。我们要把握数字化、网络化、智能化融合发展的契机，以信息化、智能化为杠杆培育新动能。"而我国在《中华人民共和国国民经济和社会发展第十四个五年规划和二〇三五年远景目标纲要》中提出要培育壮大人工智能、大数据、区块链、云计算、网络安全等新兴数字产业，提升通信设备、核心电子元器件、关键软件等产业水平。构建基于 5G 的应用场景和产业生态，在智能交通、智慧物流、智慧能源、智慧医疗等重点领域开展试点示范。这也是未来我国乃至世界上科技发展的重点领域。

新一轮技术的革新，推动了单点的信息技术应用向全面的数字化、网络化、智能化转变。人类社会、物理世界、信息空间构成了当今世界的三元。这三元世界之间的关联与交互，决定了社会信息化的特征和程度。感知人类社会和物理世界的基本方式是数字化，联结人类社会与物理世界（通过信息空间）的基本方式是网络化，信息空间作用于物理世界与人类社会的方式是智能化。而支撑万物互联的，一定是编码技术。

人类社会、物理世界、信息空间构成了当今世界的三元（图片来源于网络）

以生产工具的创新为标志的技术革命，不仅推动了人类社会的不断发展，而且也带来了人类生产方式、生活方式与生存方式的革命性变革。在当代，伴随着虚拟技术的出现，人的生活方式也呈现出"非现实性存在"的虚拟化特征，这不仅表现于在计算机网络中人以数字化的方式出现，而且也表现于人的现实的角色及其关系在网络社会中发生虚拟变化，这预示了一种有别于现实生活的虚拟生活这一种新的生活方式的确立。从本质上说，虚拟生活是对现实生活的虚拟性超越。

　　时下，"元宇宙"概念悄然兴起，正是虚拟性超越的外在呈现，元宇宙是通过技术能力，在现实世界的基础上，搭建一个平行且持久存在的虚拟世界。在虚拟世界里，万事万物的辨识就是靠编码技术作为基础。元宇宙是架构于现实逻辑之上的超大虚拟空间。而编码技术作为万物的标识，将在未来虚拟现实中起到核心的支撑作用。

　　日前，脑机接口公司 Neuralink 在网络上展示了一个新视频，是一只 9 岁的猴子用意念玩电子乒乓球游戏。这就是更具有时代颠覆意义的脑联网，也就是通过脑机接口技术，实现意识控制外物，以意驭物。设想一下未来的一天，我们普通人也可以通过心里默默地下一个指令，此时房间的窗帘就可以自动打开。这项技术实现后，能让人们短时间内拥有大量的知识和技能，并实现记忆的移植。尤其让人们感到兴奋的是，这项技术可以通过脑机接口，把大量的信息和资料通过芯片传输到大脑里，或把大脑的意识上传到计算机中，实现人类意识和记忆在计算机世界的永生。而对人脑芯片的唯一标识也离不开编码技术。

猴子用意念玩电子乒乓球游戏（图片源于网络视频截图）

在技术层面之外，新冠肺炎疫情的全球蔓延，使世界各国之间的交往模式，人们的行为习惯等都发生了根本性的变革。2020年3月24日，联合国安理会历史上首次举行视频会议。而全球的学生们也经历了漫长的线上上课，这些都是人类历史上前所未有的。

疫情的肆虐虽然给人类的生活带来了诸多不便，却促进了科技改变生活的步伐。人们的生活习惯、社交模式和消费模式都产生了巨大的变革。从出入公共场所扫码登记"健康宝"，到避免直接、间接接触的移动支付方式，再到在线教育和网课的普及，都在短短一年多的时间内，将此前数年积蓄的科技力量转化为巨大的生产力。

以始于2020年疫情期间的规模空前的在线教学实践为例，物品编码技术带来的变革也是显而易见的。科学技术革新如何更好地推动在线教育，促进教与学则成为业界亟待攻克的新命题，扫码观看乃至扫码切换端口，都已经成为可以轻松实现的功能。

习近平总书记讲过两个大局，其中一个是当今世界处于百年未有之大变局。尤其是新冠肺炎疫情的爆发引发了世界之变，对全球经济、政治、文化、科技等方面的影响十分深远，并且很有可能影响全球化进程和世界政治格局的变化。而人工智能、大数据、区块链、云计算等前沿技术也将在这场大变局中不断影响人们的生产生活方式。

回顾条码自动识别在我国的发展，我们走出了一条适应我国基本国情、独立自主，具有科学规划的道路，重点突破了多项标准、技术等方面的"卡脖子"难题，并持续为世界贡献着条码自动识别的"中国智慧"。可以预见，未来，在数字时代下，随着人类科技的不断发展，人类思维模式、消费模式、行为模式的不断改变，条码自动识别技术的应用与发展将呈现出超乎想象的新变，并反作用于条码技术自身，给其应用带来更广阔的舞台，推动人类文明进步的车轮滚滚向前，而我们也将迎来更加美妙的新生活。

<h2 style="text-align:center">本章科普窗口</h2>

▶ 条码的未来在哪里？

从 20 世纪 40 年代末条码技术诞生，再到 1974 年第一件商品通过条码扫描结算发展至今，条码技术已经陪伴人们走过了近 70 多个春秋。在近十年间，二维码伴随着智能手机的普及和网络信息技术的迅猛发展，移动支付、手机扫码等应用已进入我们生活的方方面面。

条码的发展脱离不开其本源，它"从哪里来"，便会"到哪里去"。无论 5G、物联网、人工智能、数字等技术如何迭代，无论人类生产生活、思维模式如何改变，条码都将作为世间万物的编码与自动识别技术，在未来世界中起到辨识万物、连接万物的核心支撑作用，成为人与物理世界、虚拟世界、数字世界，甚或超乎人类想象空间的沟通桥梁。在现实社会中，它必将继续推动现代供应链体系建设，促进社会产业结构优化和转型升级，助力经济社会高质量发展，以更加崭新的面貌呈现在我们眼前。

附录一　GS1 大事记

1971 年　行业合作协议

行业领军企业同意使用"通用产品代码"进行产品识别。此标识符称为"全球贸易项目代码"（GTIN）。

1973 年　商定条码标准

美国的行业领导者们在七种备选方案中为产品识别挑选了唯一的标准（通用商品代码），这个代码至今仍在使用，目前我们称之为 GS1 条码。

1974 年　第一个被扫描的条码

4 月 26 号，在美国俄亥俄州的一家 Marsh 超市里面，一包箭牌口香糖成为第一个通过 GS1 条码被扫描的产品。

1977 年　启动 GS1 系统

欧洲物品编码协会（EAN）作为一个国际性的非营利性的标准组织成立。EAN 在欧洲有 12 个创始成员国，其总部设在比利时的布鲁塞尔。他们启动 GS1 标准化系统的目的是提高零售产业供应链的效率。

1983 年　条码用于批发包装

由于条码已被证明其在现实环境中的可靠性和实用性，它们被广泛应用于产品外箱。

1989 年　GS1 标准扩大应用领域

随着广域网对供应链的影响，GS1 创建了第一个电子数据交换国际标准（EDI），并通过最初版本的 EANCOM 手册，迈出了电子商务的第一步。

1990 年　共管全球标准

UCC 和 EAN 共同签署了一份合作协议，该协议正式促成双方共同管理全球标准。

1995 年　创建第一个医疗标准

GS1 通过第一个医疗合作项目将 GS1 标准拓展至医疗行业。

2000 年　第 90 个编码组织设立

在世纪之交，GS1 已经遍布 90 个国家。

2002 年　全球标准论坛启动

全球标准管理流程（GSMP）成立，它为 GS1 成员提供了一个全球性的论坛。成员们在这个平台上可以基于他们的业务讨论和建立新的标准。

2004 年　创建 RFID 的第一个标准

随着射频识别（RFID）芯片越来越普遍，GS1 为其实现和使用创建了第一个射频识别标准（Gen2）。

2007 年　GS1 进入 B2C 领域

WTO 和 GS1 签署了一个谅解协议，双方同意并且支持和鼓励在海关部门统一标准的应用。

随着电商的发展，GS1 拓展至 B2C 领域，并设计提供了一个开放的标准以利于消费者能够直接获取关键商品信息。

2013 年　40 周年庆典

遍布 111 个国家的 GS1 组织庆祝成立 40 周年。

附录二　GS1 前缀码

GS1 前缀码由 2~3 位数字（N1N2 或 N1N2N3）组成，是国际物品编码协会（GS1）分配给国家（或地区）编码组织的代码。前缀码 020~029、040~049、200~299、980、981、982、990~999 的应用，需在各国家或地区编码组织指导下进行。

需要指出的是，前缀码并不代表产品的原产地，而只能说明分配和管理有关厂商识别代码的国家（或地区）编码组织。

前缀码	编码组织所在国家（地区）/应用领域	前缀码	编码组织所在国家（地区）/应用领域
000~019			
030~039	美国	626	伊朗
060~139			
020~029			
030~039	限域分销	627	科威特
040~049			
200~299			
050~059	优惠券	628	沙特阿拉伯
300~379	法国	629	阿拉伯联合酋长国
380	保加利亚	640—649	芬兰
383	斯洛文尼亚	690—699	中国（大陆）
385	克罗地亚	700—709	挪威

前缀码	编码组织所在国家（地区）/应用领域	前缀码	编码组织所在国家（地区）/应用领域
387	波斯尼亚－黑塞哥维那	729	以色列
389	黑山共和国	730~739	瑞典
400~440	德国	740	危地马拉
450~459 490~499	日本	741	萨尔瓦多
460~469	俄罗斯	742	洪都拉斯
470	吉尔吉斯斯坦	743	尼加拉瓜
471	中国台湾	744	哥斯达黎加
474	爱沙尼亚	745	巴拿马
475	拉脱维亚	746	多米尼加
476	阿塞拜疆	750	墨西哥
477	立陶宛	754~755	加拿大
478	乌兹别克斯坦	759	委内瑞拉
479	斯里兰卡	760~769	瑞士
480	菲律宾	770~771	哥伦比亚
481	白俄罗斯	773	乌拉圭
482	乌克兰	775	秘鲁
484	摩尔多瓦	777	玻利维亚
485	亚美尼亚	778~779	阿根廷
486	佐治亚	780	智利
487	哈萨克斯坦	784	巴拉圭
488	塔吉克斯坦	786	厄瓜多尔
489	中国香港	789~790	巴西
500~509	英国	800~839	意大利
520~521	希腊	840~849	西班牙
528	黎巴嫩	850	古巴
529	塞浦路斯	858	斯洛伐克
530	阿尔巴尼亚	859	捷克

前缀码	编码组织所在国家（地区）/ 应用领域	前缀码	编码组织所在国家（地区）/ 应用领域
531	马其顿	860	塞尔维亚和黑山国
535	马耳他	865	蒙古
539	爱尔兰	867	朝鲜
540~549	比利时、卢森堡	868~869	土耳其
560	葡萄牙	870~879	荷兰
569	冰岛	880	韩国
570~579	丹麦	884	柬埔寨
590	波兰	885	泰国
594	罗马尼亚	888	新加坡
599	匈牙利	890	印度
600~601	南非	893	越南
603	加纳	896	巴基斯坦
604	塞内加尔	899	印尼
608	巴林	900~919	奥地利
609	毛里求斯	930~939	澳大利亚
611	摩洛哥	940~949	新西兰
613	阿尔及利亚	950	国际物品编码协会总部
615	尼日利亚	951	国际物品编码协会总部（EPC 总部）
616	肯尼亚	955	马来西亚
618	科特迪瓦	958	中国澳门
619	突尼斯	960~969	全球办公室（GTIN-8S）
620	坦桑尼亚	977	连续出版物 (ISSN)
621	叙利亚	978~979	图书 (ISBN)
622	埃及	980	返还凭证
623	文莱	981~984	普通流通券
624	利比亚	99	优惠券
625	约旦		

参考文献

[1] 张成海，张铎，等．条码技术与应用（本科分册）[M]．2版．北京：清华大学出版社，2018．

[2] 张成海，张铎，等．条码技术与应用（高职高专分册）[M]．2版．北京：清华大学出版社，2018．

[3] [英]西蒙·辛格．码书[M]．刘燕芬，译．南昌：江西人民出版社，2018．

[4] 中国物品编码中心．商品条码应用技术[M]．北京：中国标准出版社，1992年．

[5] 中国物品编码中心．商品条码应用指南[M]．北京：中国标准出版社，2003．

[6] 杨信廷，孙传恒，宋怿，等．基于流程编码的水产养殖产品质量追溯系统的构建与实现[J]．农业工程学报，2008，24(2)：159−164．

[7] 杨天和，褚保金．"从农田到餐桌"食品安全全程控制技术体系研究[J]．食品科学，2005，26(3)：264−268．

[8] 贾世楼．信息论理论基础[M]．哈尔滨：哈尔滨工业大学出版社，2001．

[9] 林均清．模式识别 [M]．长沙：国防科技大学出版社，1998．

[10] 卢开澄，卢华名．图论及其应用 [M]．北京：清华大学出版社，1998．

[11] 庄德祥．二维条码的研究、应用与现状 [J]．中国标准导报，2002（4）：47-48．

[12] 马旭东．超越条形码—未来的智能标签 [J]．国外科技动态，2001（8）：31-34．

[13] 胡广书．数字信号处理理论、算法与实现 [M]．2 版．北京：清华大学出版社，2008．

[14] 阮秋琦．数字图像处理学 [M]．2 版．北京：电子工业出版社，2007．

[15] 姚敏．数字图像处理 [M]．北京：机械工业出版社，2008．

[16] 张成海，张铎．条码小达人 [M]．北京：清华大学出版社，2011．

[17] 孙利民，李建中，陈渝，等．无线传感器网络 [M]．北京：清华大学出版社，2005．

[18] 马华东，陶丹．多媒体传感器网络及其研究进展 [J]．软件学报，2006，17(9)：2013-2028．

[19] 王忠敏．EPC 与物联网 [M]．北京：中国标准出版社，2004．

[20] 胡嘉璋．认真贯彻实施条码国家标准推动条码技术的应用和发展 [J]．条码与信息系统，1993（1）：10-12．

[21] 张成海，邓立新．杭州市解放路百货商店超级市场 POS 系统正式运行 [J]．条码与信息系统，1993（1）：19-21．

[22] 应用 POS 系统提高企业竞争能力——沈阳秋林公司总经理赵启超

答本刊记者问［J］．条码与信息系统，1993（3）：17-18．

[23]［德］J E．利普斯．事物的起源［M］．汪宁生，译：贵阳：贵州教育出版社，2010．